环渤海区域开发现状和历史评价

霍素霞 陈生涛 徐进勇 杜 明 编著

海洋出版社
2015年·北京

图书在版编目（CIP）数据

环渤海区域开发现状和历史评价/霍素霞等编著. —北京：海洋出版社，2015.1
ISBN 978 - 7 - 5027 - 8870 - 4

Ⅰ.①环… Ⅱ.①霍… Ⅲ.①环渤海经济圈 - 海洋开发 - 研究 Ⅳ.①F127 ②P74

中国版本图书馆 CIP 数据核字（2014）第 097894 号

责任编辑：杨传霞
责任印制：赵麟苏

海洋出版社 出版发行

http：//www.oceanpress.com.cn
北京市海淀区大慧寺路 8 号 邮编：100081
北京旺都印务有限公司印刷 新华书店发行所经销
2015 年 1 月第 1 版 2015 年 1 月北京第 1 次印刷
开本：787mm×1092mm 1/16 印张：11.75
字数：270 千字 定价：66.00 元
发行部：62132549 邮购部：68038093 总编室：62114335
海洋版图书印、装错误可随时退换

前　言

环渤海地区是中国北部沿海的黄金海岸，在中国对外开放的沿海发展战略中占有重要地位。环渤海三省一市以占全国5.9%的陆域面积和2.6%的海域面积，承载着占全国近1/5的人口和超过1/5的国内生产总值，创造了全国近1/3的海洋经济产值。作为半封闭型内海，渤海生态系统是环渤海经济圈的重要支撑，其服务功能对该地区经济社会的发展起着决定性的保障作用。

"十一五"期间，天津滨海新区基本已建成为石化、化工类项目集中区域；河北省依托曹妃甸打造世界级临港重化工业基地，将大港口、大钢铁、大化工、大电能四大产业作为其发展重点；辽宁省制定了沿海经济带发展战略，将大力发展以石化、钢铁、大型装备和造船为重点的临海、临港工业；山东半岛蓝色经济区将采取"一区三带"的发展格局，通过集中集约用海，打造出九大新的海洋优势产业聚集区（九大海洋经济高地）。随着环渤海新一轮沿岸开发的快速发展，能源重化工等一系列"两高一资"的"大项目"的启动，不但加剧了环渤海地区重化工业发展趋同、布局分散的态势，也将进一步加大该地区的海洋环境压力，并可能引发环境风险失控，降低环渤海地区产业发展与海洋资源环境的协调性，最终导致该区域发展的不可持续性。

《环渤海区域开发现状和历史评价》是海洋公益性行业科研专项"基于生态系统的环渤海区域开发集约用海研究"（201005009）的资助成果。根据环渤海区域开发现状，结合目前已经获批的区域建设用海规划项目，选取了大面积开发建设的天津滨海新区和河北省曹妃甸循环经济区，开发中的辽西锦州湾沿海经济区、辽宁（营口）沿海产业基地、辽宁长兴岛临港工业区和沧州渤海新区，规划中的潍坊滨海生态旅游度假区和龙口湾临港高端产业聚集区（招远部分和龙口部分），共八个集约用海区进行重点分析。通过环渤海、环渤海三省一市和集约用海区域三个层次，从海岸线变化、围填海强度、开发环境压力、海域使用结构与布局、海洋经济及海洋产业、人口变化、海洋污染状况等不同方面对环渤海的集约用海区的海洋开发现状和历史变化趋势进行了分析，总结归纳了环渤海集约用海区域的开发历程及特点，阐明了环渤海区域开发存在的典型问题。

伴随着海洋生态文明的推进实施，经济的发展和海洋环境的保护不再总是对立的，应该是相互促进，协同发展。期待通过本课题的工作，为环渤海区域海洋开发和环境保护略尽绵薄之力。

全书共分8章，第1章阐述了环渤海地理概况，集约用海区选取的依据，2012年12月底以前获批的区域建设用海规划的情况；第2章对环渤海区域、"三省一市"和环渤海集约用海区的海岸线时空特征进行了分析；第3章利用卫星遥感的数据分析了环渤海区域自2000年以来的围填海开发历程；第4章概要介绍了环渤海"三省一市"的海域使用空间资源，对海域使用的演进过程进行了阐述，总结了环渤海海域使用结构和布局特点；第5章开展了环渤海"三省一市"区域海洋经济及海洋产业发展历程的研究；第6章通过沿海区域人口数量变化状况分析，总结了区域建设用海规划及开发带来的人口分布特征的变化；第7章通过对环渤海主要江河污染物入海情况、陆源入海排污口状况和海上污染源状况研究，定量分析了渤海海洋污染的主要来源及数量；第8章对环渤海集约用海区域开发的历程及特点进行了分析和总结，提出了合理开发的对策和建议。

本书各章节的写作分工如下。

第1章：霍素霞、陈生涛

第2章：徐进勇、杜明

第3章：霍素霞、杨晓峰、张学州

第4章：杜明、霍素霞

第5章：屠建波、刘娜娜

第6章：周艳荣、陈生涛

第7章：赵玉慧、温婷婷

第8章：李志伟、霍素霞

霍素霞、陈生涛负责全书统稿工作，杜明和张学州进行校核。

特别感谢国家海洋局北海环境监测中心的领导与同仁的大力支持。在课题组全体成员的共同努力下，克服种种困难，按时按质地完成了课题任务，编著此书，衷心感谢他们和支持我们的所有家人。

　　由于本书涉及专业较多，加之时间关系以及笔者研究认识水平有限，书中可能存在一些不足和错误之处，敬请各界人士批评指正！

作者

2014 年 9 月

目 录

1 研究区域概况

1.1 环渤海地理概况

渤海是近封闭的内海，三面环陆，被辽宁省、河北省、天津市、山东省陆地环抱，通过渤海海峡与黄海相通。渤海具体位置为37°07′—41°00′N，117°35′—121°10′E。海域面积约 $7.7 \times 10^4 \, km^2$，平均水深约18 m，最大水深83 m。

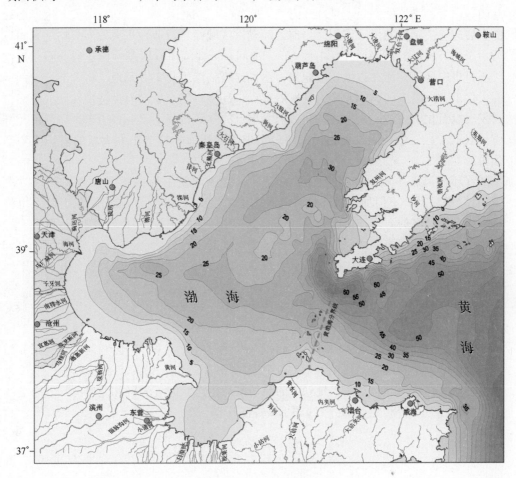

图 1.1 渤海地理概况

渤海由北部辽东湾、西部渤海湾、南部莱州湾、中央浅海盆地和渤海海峡五部分组

1

成。渤海是半封闭的内海，与外海水交换较弱，通过渤海海峡与黄海相通，海峡口宽59海里，海峡有30多个岛屿，其中较大的有南长山岛、砣矶岛、钦岛和隍城岛等，总称庙岛群岛或庙岛列岛。

渤海沿岸主要入海河流约45条，分为黄河、辽河、海河三大流域七个水系，其中，辽东半岛诸河水系、辽西沿海诸河水系、滦河水系和山东半岛诸河水系为省内或者基本上是省内水系，辽河水系、海河水系、黄河水系为跨省水系。

1.2 研究区域选取及依据

环渤海地区是中国北部沿海的黄金海岸，在中国对外开放的沿海发展战略中占有重要地位。环渤海三省一市以占全国5.9%的陆域面积和2.6%的海域面积，承载着占全国近1/5的人口和超过1/5的国内生产总值，创造了全国近1/3的海洋经济产值。作为半封闭型内海，渤海生态系统是环渤海经济圈的重要支撑，其服务功能对该地区经济社会的发展起着决定性的保障作用。当前，环渤海区域性、行业性重大发展战略是我国环渤海沿岸经济发展的重要形式，"十一五"期间，天津滨海新区基本已建成为石化、化工类项目集中区域；河北省依托曹妃甸打造世界级临港重化工业基地，将大港口、大钢铁、大化工、大电能四大产业作为其发展重点；辽宁省制定了沿海经济带发展战略，将大力发展以石化、钢铁、大型装备和造船为重点的临海、临港工业；山东半岛蓝色经济区将采取"一区三带"的发展格局，通过集中集约用海，打造出九大新的海洋优势产业聚集区。

随着环渤海新一轮沿岸开发的快速发展，能源重化工等一系列"两高一资"的"大项目"的启动，不但加剧了环渤海地区重化工业发展趋同、布局分散的态势，也将进一步加大该地区的海洋环境压力，并可能引发环境风险失控，降低环渤海地区产业发展与海洋资源环境的协调性，最终导致该区域发展的不可持续性。因此，迫切需要突破地方行政框架，从渤海的整体出发，从更长的时间尺度和更大的空间尺度，开展基于生态系统的集约用海研究。

经过资料收集和调查研究，根据对集约用海定义的理解，结合各集约用海区域开发时间长短、开发程度高低，在环渤海范围内选取8个有代表性的区域进行研究探讨。选取的8个环渤海开发的热点区域有：大面积开发建设的天津滨海新区和河北省曹妃甸循环经济区，开发中的辽西锦州湾沿海经济区、辽宁（营口）沿海产业基地、辽宁长兴岛临港工业区和沧州渤海新区，规划中的潍坊滨海生态旅游度假区和龙口湾临港高端产业聚集区（招远部分和龙口部分）（图1.2、表1.1）。

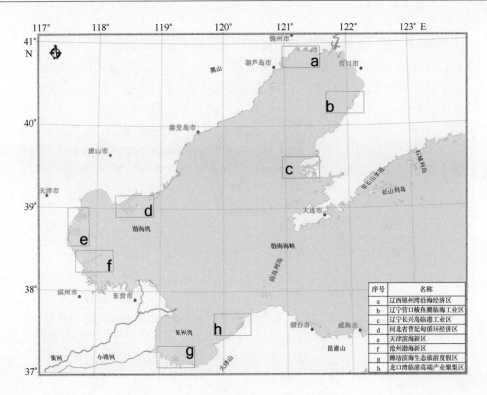

图 1.2　环渤海区域主要集约用海区

表 1.1　环渤海沿海经济带集约用海区统计

序号	名称	所在海域
1	辽西锦州湾沿海经济区	辽东湾
2	辽宁营口鲅鱼圈临海工业区	辽东湾
3	辽宁长兴岛临港工业区	辽东湾
4	河北省曹妃甸循环经济区	渤海湾
5	天津滨海新区	渤海湾
6	沧州渤海新区	渤海湾
7	潍坊滨海生态旅游度假区	莱州湾
8	龙口湾临港高端产业聚集区（招远部分和龙口部分）	莱州湾

1.3　环渤海地区开发规划

　　我国是海洋大国，海洋资源丰富。近年来，随着国家对海洋发展的日益重视，对海洋资源的开发利用进入空前发展时期，向海洋进军、开发海洋资源、发展海洋经济已成为拉动经济社会发展的战略重点和重大国策,海洋经济正逐步成为推动我国经济社会发展的新生力量。沿海省市都在大力发展蓝色经济,把海洋资源和区位优势作为促进本地区经济社会发展的强大引擎,各自做出了振兴地方经济的重大决策和战略部署。"海洋经济决定未来发展"已经成为我国沿海省市的全新共识和自觉行动。从北向南,沿海各省均在着力抢占海洋经济发展制高点,谋求全国发展大局中的重大战略位置。环渤海的天津市、辽宁省、河北省和山东省是我国经济社会高速发展的地区,辽宁沿海经济带、天津滨海新区、黄河三角洲、山东半岛蓝色经济区等沿海经济区已上升为国家发展战略,通过利用海洋,开发海洋,发展海洋及相关涉海产业,这些区域必将成为我国新的区域经济增长点。

1.3.1 辽宁沿海经济带发展规划

辽宁沿海经济带位于我国东北地区,毗邻渤海和黄海,包括大连、丹东、锦州、营口、盘锦、葫芦岛6个沿海城市所辖行政区域,陆域面积 5.65×10^4 km²,海岸线长 2 920 km,海域面积约 6.8×10^4 km²。辽宁沿海经济带是东北老工业基地振兴和我国面向东北亚开放合作的重要区域,在促进全国区域协调发展和推动形成互利共赢的开放格局中具有重要战略意义。

2005年,辽宁省委、省政府提出打造"五点一线"沿海经济带的战略构想。2006年1月,辽宁省政府为支持"五点一线"建设,印发了《关于辽宁省鼓励沿海重点发展区域扩大对外开放的若干政策意见》。2006年6月,"五点一线"战略扩展为辽宁省丹东、大连、盘锦、营口、锦州、葫芦岛等全部沿海城市。2009年7月1日,国务院常务会议讨论并原则通过《辽宁沿海经济带发展规划》,"五点一线"升级为"沿海经济带"的国家战略。

辽宁沿海经济带处于环渤海地区和东北亚经济圈的关键地带,是东北地区的主要出海通道和对外开放的重要窗口,区位优势明显,战略地位突出。建设辽宁沿海经济带不仅可以促进辽宁全面振兴,还可以带动东北地区实现加快发展和科学发展,也为我国参与东北亚经济竞争打下战略基础。其战略定位为:立足辽宁,依托东北,服务全国,面向东北亚,把沿海经济带发展成为特色突出、竞争力强、国内一流的临港产业聚集带、东北亚国际航运中心和国际物流中心,建设成为改革创新的先行区、对外开放的先导区、投资兴业的首选区、和谐宜居的新城区,成为东北振兴的经济发展主轴线和新的经济增长带。

目前辽宁省实施的区域建设用海规划包括:《大连长兴岛临港工业区区域建设用海规划》、《营口鲅鱼圈临海工业区一期区域建设用海规划》等12个区域用海规划,规划填海面积合计 18 691.84 hm²。辽宁省区域建设用海规划概况见表1.2。

表 1.2 辽宁省区域建设用海规划概况

序号	规划名称	批准文件	批复时间（年-月-日）	规划期限	规划批准用海总面积（hm²）	规划批准填海面积（hm²）	规划重点产业
1	丹东大东港区区域建设用海总体规划	国海管字〔2011〕828号	2011-12-12	2015年	1 801	1 416	石油及液体化工品、大宗干散货、集装箱运输为主，兼顾粮食、钢铁、木材等散杂货运输
2	大连花园口经济区城市建设（一期）用海总体规划	国海管字〔2011〕539号	2011-08-03	2015年	1 563	1 500	花园口生态宜居型城市，商业金融办公区、居住区与公共设施配套区
3	大连长兴岛临港工业区区域建设用海规划（一期）	国海管字〔2009〕459号	2009-10-07	—	3 391.82	3 391.82	现代化港口及新型临港工业基地
4	大连长兴岛临港工业区区域建设用海规划（二期）	国海管字〔2012〕346号	2012-06-12	2016年	1 278	1 278	临港工业
5	营口鲅鱼圈临海工业区区域建设用海一期规划	国海管字〔2010〕258号	2010-05-05	2015年	864.6	864.6	船舶工业、钢铁生产及输运
6	营口市仙人岛港（一期）区域建设用海规划	国海管字〔2012〕232号	2012-04-11	2016年	896.77	896.77	港口物流、能源化工产业和船舶修造产业
7	盘锦辽滨沿海经济区区域建设用海一期规划	国海管字〔2010〕257号	2010-05-05	2015年	1 121	1 121	港口物流、装备制造、石油化工、高新科技
8	盘锦辽滨沿海经济区区域建设用海二期规划	国海管字〔2011〕584号	2011-09-05	2015年	3 283	3 283	石化产业

序号	规划名称	批准文件	批复时间（年-月-日）	规划期限（年）	规划批准用海总面积（hm²）	规划批准填海面积（hm²）	规划重点产业
9	锦州新能源和可再生能源产业基地区域建设用海规划	国海管字〔2010〕37号	2010-01-26	2015年	1 161.82	1 161.82	硅材料及太阳能电池组件生产
10	锦州港区域建设用海一期规划	国海管字〔2010〕256号	2010-05-05	2015年	753.18	753.18	临港工业、现代物流及商贸
11	兴城临海产业区起步区区域建设用海总体规划	国海管字〔2010〕255号	2010-05-05	2015年	938.32	938.32	输配电设备及材料、船舶配件、机械制造、针织服装制造、医药化工和农产品加工
12	大连临空产业园区域建设用海总体规划	国海管字〔2012〕713号	2012-10-23	2017年	2 167.096	2 087.3314	航运中心基础工程建设

注："—"表示没有收集到资料或资料不详。

1.3.2 天津滨海新区开发规划

天津滨海新区位于环渤海地区的中心位置，内陆腹地广阔，区位优势明显，产业基础雄厚，增长潜力巨大，是我国参与经济全球化和区域经济一体化的重要窗口。主要包括塘沽区、汉沽区、大港区3个行政区和天津经济技术开发区、天津港保税区、天津港区以及东丽区、津南区的部分区域，规划面积2 270 km²。

天津滨海新区雄踞环渤海经济圈的核心位置，与日本和朝鲜半岛隔海相望，直接面向东北亚和迅速崛起的亚太经济圈，置身于世界经济的整体之中。党的十六届五中全会和十届全国人大四次会议将天津滨海新区纳入国家"十一五"总体发展战略。2006年5月26日国务院下发的《关于推进滨海新区开发开放有关问题的意见》（国发〔2006〕20号），明确了天津滨海新区的功能定位为："依托京津冀、服务环渤海、辐射'三北'、面向东北亚，努力建设成为我国北方对外开放的门户、高水平的现代制造业和研发转化基地、北方国际航运中心和国际物流中心，逐步成为经济繁荣、社会和谐、环境优美的宜居生态型新城区。"

党中央、国务院将天津滨海新区开发开放纳入全国发展战略，胡锦涛同志对天津明确提出了"两个走在全国前列、一个排头兵"要求，赋予了滨海新区引领京津冀和环渤海区域加快发展的重任，给予了全国综合配套改革试验区的政策。全市上下紧紧抓住这一难得的历史性机遇，全面推进滨海新区开发开放。

2009 年 10 月 21 日，国务院批复同意天津市调整部分行政区划，撤销天津市塘沽区、汉沽区、大港区，设立天津市滨海新区，以原 3 个区的行政区域为滨海新区的行政区域。调整天津市滨海新区行政区划，是实施国家发展战略，推动滨海新区管理体制改革的重大部署，对于进一步加快滨海新区开发开放有重要意义。

根据《天津市空间发展战略规划》，天津滨海新区包括九大功能区：滨海旅游区、中新生态城、临空产业区、滨海高新区、先进制造业产业区、中心商务区（滨海新区核心区）、海港物流区、临港经济区（包括临港工业区和临港产业区）和南港工业区。

目前天津滨海新区实施的区域建设用海规划包括：《天津临港工业区二期工程区域建设用海总体规划》、《天津南港工业区区域建设用海规划》、《天津临港工业区二期工程区域建设用海总体规划》等，规划批准填海面积 8 997 hm^2。天津市区域建设用海规划概况见表 1.3。

表 1.3　天津市区域建设用海规划概况

序号	规划名称	批准文件	批复时间（年 - 月 - 日）	规划期限	规划批准用海总面积（hm^2）	规划批准填海面积（hm^2）	重点产业
1	天津海滨休闲旅游区临海新城区域建设用海总体规划	国海管字〔2007〕62 号	2007 - 02 - 16	2020 年	2 811	2 811	海滨休闲旅游、综合生活服务、生态涵养、海洋监视监管等
2	天津南港工业区区域建设用海规划	国海管字〔2012〕303 号	2012 - 05 - 24	2016 年	3 500	3 500	石化产业、冶金装备制造产业、港口物流产业
3	天津临港工业区二期工程区域建设用海总体规划	国海管字〔2010〕1 号	2010 - 01 - 05	2013 年	2 686	2 686	重型装备制造产业及研发、物流等现代服务业

1.3.3　河北沿海地区发展规划

河北沿海地区主要包括秦皇岛、唐山、沧州 3 市所辖行政区域，陆域面积 3.57 × 10^4 km^2，海岸线 487 km，海域面积 0.7 × 10^4 km^2。该区域区位优势独特，北接辽宁沿海经济带，中嵌天津滨海新区，南连黄河三角洲高效生态经济区，同时资源禀赋优良、工业基础雄厚、交通体系发达、文化底蕴深厚，在促进京津冀及全国区域协调发展中具有重要战略地位。

2011 年 11 月，国务院批准实施《河北沿海地区发展规划》，标志着河北沿海地区发展正式上升为国家战略。河北沿海地区战略定位为"建成环渤海地区新兴增长区域、京津城市功能拓展和产业转移的重要承接地、全国重要的新型工业化基地、我国开放合作的新高地、我国北方沿海生态良好的宜居区"。

河北沿海地区发展规划开发格局内容如下。

（1）滨海开发带：包括秦皇岛的山海关区、海港区、北戴河区、抚宁县和昌黎县，唐山的乐亭县、滦南县、唐海县和丰南区，沧州的黄骅市和海兴县。以沿海高速和滨海公路为纽带，合理规划建设北戴河新区、曹妃甸新区、沧州渤海新区，促进人口和产业有序向滨海地区集聚，建成滨海产业和城镇集聚带。在丰南沿海工业区、唐山冀东北工业集聚区和沧州冀中南工业集聚区，优化发展以精品钢铁、石油化工、装备制造为主的先进制造业，培育壮大电子信息、新能源、新材料、生物工程、节能环保等战略性新兴产业，大力发展以滨海休闲旅游、港口物流为主的服务业。

（2）秦皇岛组团：包括秦皇岛市主城区和青龙县、卢龙县。充分发挥旅游资源丰富和高技术产业基础较好的优势，重点发展休闲旅游、港口物流、数据产业、文化创意等服务业，积极发展装备制造、电子信息、食品加工业，加快发展葡萄种植等特色农业，建成国际知名的滨海休闲度假旅游目的地和先进制造业基地。

（3）唐山组团：包括唐山市主城区和迁安市、迁西县、遵化市、滦县、玉田县。利用矿产、旅游资源丰富、产业基础雄厚的优势，积极发展装备制造、精品钢铁、新型建材、电子信息等先进制造业，大力发展现代物流、休闲旅游等服务业，加快发展林果、蔬菜、畜禽、水产等特色农业，提升唐山市主城区经济、文化、金融功能和交通枢纽地位，加强公共服务设施建设，建成先进制造业基地和科研成果转化基地。

（4）沧州组团：包括沧州市主城区和沧县、青县、任丘市、泊头市、河间市、盐山县、孟村县、吴桥县、东光县、南皮县、献县、肃宁县。充分利用油气地热资源丰富、特色产业发达的优势，优化发展石油化工、装备制造业，培育发展电子信息、生物医药、新材料等新兴产业，大力发展文化旅游、仓储物流、金融服务等服务业，加快发展优质林果、绿色有机蔬菜、特种养殖等特色农业和农产品加工业，建设石油化工和管道、装备制造基地，建成环渤海地区重要的工业城市。

河北省重点区域用海规划内容如下。

（1）曹妃甸港区和循环经济示范区

曹妃甸拥有建设深水大港的独特天然条件，是环渤海地区唯一不需要疏浚航道和开挖港池即可建设大型深水码头的天然港址，同时曹妃甸有 450 km² 的古滦河浅滩，其与陆地相连，为临港工业的发展提供了得天独厚的条件。

曹妃甸港区和循环经济示范区规划区面积确定为 310 km²，功能定位为能源、矿石等大宗货物的集疏港、新型工业化基地、商业性能源储备基地和国家级循环经济示范区。将依托深水大港和国内国际两种资源及两个市场，建立以现代港口物流、钢铁、石化、装备制造四大产业为主导，电力、海水淡化、建材、环保等关联产业循环配套，信息、金融、商贸、旅游等现代服务业协调发展的产业体系。在产业布局上，立足于最大限度体现循环经济理念和科学利用好港区及岸线资源，妥善处理好港区与临港产业、主导产业与循环配套产业、上游产业与下游产业、先期产业与接续产业、产业与服务业等空间发展关系，充分考虑规划区和后方陆域的产业关联互动，水陆双栖型生态城市生产生活空间的功能协调等要求，确定曹妃甸产业发展的空间布局框架。该区域的主导产业为现代港口物流业、钢铁工业、石化工业、装备制造工业，其关联产业主要为电力工业、海水淡化业、新型建材工业、服务业。规划寄希望于经过 25 年的开发建设，到规划期末，在曹妃甸示范区形成结构合理的循环经济型产业体系和完整的再生资源回收利用系统，建成以钢铁、石化、电力和装备制造等为特色的循环经济示范企业群，实现土地、水、能源等资源的高效、综合利用，各项资源利用和环境保护指标达到国家循环经济示范区标准。

开发建设曹妃甸循环经济示范区是党中央、国务院根据国家能源交通发展战略，调整优化我国北方地区重化工业生产力布局和产业结构，加快环渤海地区经济一体化发展，引领现代工业走循环经济之路而做出的重大战略决策，也是国家继推进天津滨海新区开发开放后的又一重要举措。其开发建设不仅对唐山、对河北的长远发展具有重大意义，而且对促进环渤海地区乃至整个北方地区的发展都具有重要的现实意义和深远的历史影响。

（2）沧州渤海新区发展规划

2007 年 2 月，河北省人民政府颁布了《关于建立沧州渤海新区并给予政策支持的批复》[冀政函（2007）21 号]，同意在沧州东部临海地区建立沧州渤海新区。

沧州渤海新区地处环渤海中心地带，包括港城区、中捷产业园区、化工产业园区和南大港产业园区。港口、区位、交通、腹地、土地和环境容量、产业等综合优势明显。

新区发展定位是：依托京津冀，服务冀中南、晋中南、鲁北、豫北，是朔黄铁路沿线及陕西、内蒙古等地区最便捷的出海口，构建石油化工、装备制造业研发转化基地和以港口物流为基础，城市配送物流为支撑的区域性航运中心，打造河北及"两环"地区新的经济增长极和隆起带，建设经济繁荣、社会和谐、环境优美的宜居生态型滨海新城。

新区发展目标：2006—2010 年为重点突破阶段，主要是增加投入，改善基础设施条件，增强对要素资源的吸纳能力，形成基础设施和产业雏形，实现地区生产总值比2005 年翻两番，达到 400 亿元。2011—2020 年为全面扩张阶段，打造全省具有较强竞争力的产业聚集区，成为环渤海地区生产总值超千亿元的经济增长区、河北重要的经济增长极，实现地区生产总值比 2010 年翻两番，达到 1 600 亿元，再造一个新沧州。2021—2030 年为集约完善阶段，建成中国北方著名的区域性综合大港和能源、原材料集散中心、绿色国际化工城、京津冀都市圈重要的新兴港口城市。实现地区生产总值比2020 年翻一番，达到 3 200 亿元。

（3）乐亭新区

乐亭新区范围包括：乐亭县、海港开发区、京唐港和大清河盐场 4 个单位，陆地面积约 1 308 km²。到 2015 年，基本建成精品钢材生产基地、煤化工产业基地、临港装备制造产业基地、滨海旅游胜地、市区产业转移承载区和在国家具有影响力的临港重化工业基地。

乐亭新区规划包括：

港口物流产业园。加快港口改造和建设进度，完善提高集装箱码头、液体化工码头、散货码头功能和规模，增强对临港工业的带动作用。以服务港口和临港工业为重点，采用连锁经营、电子商务等现代物流技术，完善水路、铁路、公路等多种方式协同运输的整体效能，提高物流业发展水平，重点发展集装箱及铁矿石、钢材、煤炭等大宗散货的联运业务。同时，要发挥京唐港区集疏运通道优势，积极谋划出口加工区、保税物流区及专用码头项目。

精品钢铁产业园。发挥港口便于大宗物料运输的优势，重点发展高强度造船板、压力容器板、桥梁板、管线板、精品棒材、精品线材等产品。

煤化工产业园。以中润煤化工、佳华煤化工等企业为重点，重点发展煤气制甲醇、甲醇制烯烃、焦油深加工、粗苯精制及其下游相关煤化工产品。

装备制造产业园。以工业区精品钢材基地为依托，发挥京唐港海陆运输便捷优越条件，重点发展造船、重型装备、大型冶金装备等产业。

生态旅游产业园。以乐亭新区以西打网岗岛和三岛码头区域为中心，建设"三岛旅游城"，发展休闲度假、会展经济等高端产业。

目前实施的区域建设用海规划共5个，有《曹妃甸循环经济示范区中期工程及曹妃甸国际生态起步区区域建设用海总体规划》、《沧州渤海新区近期工程区域建设用海总体规划》和《河北省乐亭县临港产业聚集区（京唐港区）区域建设用海规划》等，批准填海面积共计 30 609 hm²。河北省区域建设用海规划概况见表1.4。

表1.4 河北省区域建设用海规划概况

序号	规划名称	批准文件	批复时间（年–月–日）	规划期限	规划批准用海总面积（hm²）	规划批准填海面积（hm²）	重点产业
1	沧州渤海新区	国海管字〔2009〕361号	2009 – 05 – 26	2012 年	11 721	7 457	港区、钢铁生产制造业、物流业
2	曹妃甸经济区（近期）	国海管字〔2008〕510号	2008 – 09 – 18	2010 年	12 967	10 297	钢铁产业区、港区、综合服务区、加工工业区
3	曹妃甸经济区（中期）	国海管字〔2009〕422号	2009 – 06 – 26	—	16 233	10 022	煤炭化工区、化工仓储预留区、综合服务区、装备制造区、钢铁产业区、仓储区和石化区

续表

序号	规划名称	批准文件	批复时间（年-月-日）	规划期限	规划批准用海总面积（hm²）	规划批准填海面积（hm²）	重点产业
4	曹妃甸国际生态城	国海管字〔2009〕422号	2009-06-26	—	1 889	1 273	煤炭化工区、化工仓储预留区、综合服务区、装备制造区、钢铁产业区、仓储区和石化区
5	乐亭县临港产业聚集区（京唐港区）	国海管字〔2012〕75号	2012-02-10	2015年	2 349	1 560	临港物流业、仓储制造基地

注："—"表示没有收集到资料或资料不详。

1.3.4　黄河三角洲高效生态经济区发展规划

黄河三角洲地区是以黄河历史冲积平原和鲁北沿海地区为基础，向周边延伸扩展形成的经济区域。地域范围包括东营和滨州两市全部以及与其毗邻，自然环境条件相似的潍坊北部寒亭区、寿光市、昌邑市，德州乐陵市、庆云县，淄博高青县和烟台莱州市，总面积2.65×10⁴ km²，占山东省的1/6。

黄河三角洲北邻京津冀，与天津滨海新区和辽东半岛隔海相望，东连胶东半岛，南靠济南城市圈，是山东省区域经济发展"一体两翼"整体布局中北翼的主体，区位条件优越，自然资源丰富，开发前景广阔，是山东省拓展发展空间、保持持续快速健康发展的潜力所在、优势所在，战略地位十分重要。随着我国经济增长热点区域逐步向北拓展和区域经济一体化战略的深入实施，黄河三角洲比较优势和发展潜力日益凸显。

2009年11月，国务院批复了《黄河三角洲高效生态经济区发展规划》。该规划发展目标将依托山东半岛城市群和济南城市圈，对接天津滨海新区，服务环渤海，面向东北亚，以建设高效生态经济区为目标，以改革开放和技术进步为动力，以完善基础设施为先导，以园区经济为载体，遵循循环经济理念，大力发展现代农业、现代加工制造业和现代服务业，加速构建现代产业体系，加快发展外向型经济，促进经济社会又好又快发展，建成全省重要的现代农业经济区、现代物流区、技术创新示范区和全国重要的高效生态经济区，成为促进全省科学发展、和谐发展、率先发展新的重要经济增长极。

在产业布局上，按照产业集聚、城市辐射、园区带动、突出重点、率先突破的发展理念，着眼于现有资源、产业基础和开发潜力，充分考虑区域分工和联系，突出区域特色，按照"四点、四区、一带"布局。即：加快东营、滨州、潍坊、莱州4个港口建设，重点规划建设四大临港产业区，形成北部沿海经济带，初步规划面积约4 400 km²，建成全省的生态产业基地、新能源基地和全国的循环经济示范基地。四区，即东营、滨州、潍坊、莱州四大临港产业区。依托港口和铁路交通干线，加强基础设施建设，大力发展临港工业、临港物流和现代加工制造业，促进产业集群式发展，成为北部沿海经济带的关键支撑。

在资源开发强度上，根据资源环境承载能力、发展基础和潜力，着眼于充分发挥比较优势，按照高效与生态相统一、发展和保护相一致、人与自然相和谐的原则，结合自然资源的组合特点，区域发展规划按重点开发区、限制开发区和禁止开发区三类功能区规划。其中重点开发区域主要包括四大临港产业区和各类开发区，距海岸线 10 km 以外的成片荒滩盐碱地。以港口和铁路交通干线等为依托，以大型化工基地、能源基地、物流基地为重点，着力发展生态产业和循环经济。

在交通网络建设上，指出优先发展铁路和港口，稳步发展公路，适度发展机场，发挥组合效率和整体优势，建设便捷、通畅、高效、安全的现代综合运输网络。其中港口建设上重点建设东营、莱州、滨州、潍坊 4 个港口，以促进临港物流和临港工业发展为目标，以提升综合功能和扩大吞吐能力为重点，充分重视建港地质条件，借鉴国内外成功经验，搞好港口总体规划，积极稳妥地开工建设万吨级散杂货、多用途和液体化工等泊位。加强区域港口整合，明确分工和功能定位，搞好与天津、大连等大港的合作对接。加强港口与铁路、公路的连接，构建港口快速集疏运体系，以鲁西北地区为主体，努力拓展济南周边地区、河南东部、河北南部、山西中南部等内陆腹地。加快建设连接黄骅港的渤海大桥，缩短对接天津滨海新区的通道。

在能源建设上，指出要大力发展石油产业，力争每年探明石油地质储量 1×10^8 t 以上，确保原油产量稳定在 $2\,600 \times 10^4$ t 左右，争取油气当量重上 $3\,000 \times 10^4$ t。积极争取建设东营千万吨国家级石油储备基地。

在海洋产业基地建设上，要充分发挥海洋资源优势，把发展海洋经济摆到带动黄河三角洲加快开发建设全局的战略地位，加快形成陆海联动发展的新局面。牢固树立生态海洋、和谐海洋发展理念，坚持陆海统筹、以港兴区、港区联动，深入实施"科技兴海"战略，突出港口建设、腹地开拓、结构调整和环境资源保护 4 个重点，强化临港经济的龙头地位，大力发展临海工业、港口物流业、海洋渔业、滨海旅游业，加速膨胀海洋高新技术产业，构筑规模大、素质高、竞争力强的现代海洋经济体系，使之成为高效生态经济区建设的主要支撑。到 2010 年，海洋产业增加值占地区生产总值的比重达 30% 左右。

积极推进黄河三角洲开发，加快建设特色经济区，培育经济新亮点，将成为山东省对接天津滨海新区、发挥环渤海经济圈重要成员作用的桥头堡，对增强山东省整体经济实力和综合竞争力，加快推进全面小康社会进程，在新起点上实现富民强省新跨越具有重要而深远的意义。

1.3.5 山东半岛蓝色经济区发展规划

2009 年胡锦涛同志两次视察山东，强调指出："要大力发展海洋经济，科学开发海洋资源，培育海洋优势产业，打造山东半岛蓝色经济区"；"山东海域面积辽阔，海洋资源丰富，发展海洋经济大有可为。要充分利用这一优势，科学开发海洋资源，大力发展海洋产业，同时保护好海洋环境，使海洋经济真正成为山东经济的重要增长极"。山东省委、省政府随后出台的《关于打造山东半岛蓝色经济区的指导意见》及山东省委、省政府领导重要讲话中明确要求，"打造山东半岛蓝色经济区，在思想观念上要有重大转变，在发展思路上要有重大创新，在生产力布局上要有重大调整，在政策措施上要有重大举措"，要"实施集中集约用海，科学开发和高效利用海洋资源"，"创造集中集约开发建设新模式，拓展离岸人工岛群空间架构"。8月12日，国家海洋局与山东省人民政府签署的《关于共同推进山东半岛蓝色经济区建设战略合作框架协议》提出，要"科学选划打造山东半岛蓝色经济区集中集约用海区域，引导海洋产业相对集聚发展，防止用海浪费，保护好稀缺的岸线和海域资源"。

2011年1月4日，国务院以国函〔2011〕1号文件批复《山东半岛蓝色经济区发展规划》，这是"十二五"开局之年第一个获批的国家发展战略，也是我国第一个以海洋经济为主题的区域发展战略。规划指出山东半岛蓝色经济区的战略定位是：建设具有较强国际竞争力的现代海洋产业集聚区、具有世界先进水平的海洋科技教育核心区、国家海洋经济改革开放先行区和全国重要的海洋生态文明示范区。规划形成了"一核、两极、三带、三组团"的总体框架，即提升"一核"指胶东半岛高端海洋产业集聚区，壮大"两极"（黄三角高效生态海洋产业集聚区和鲁南临港产业集聚区），构筑海岸开发保护带、近海开发保护带、远海开发保护带组成的"三带"，其中"海岸开发保护带"重点打造海州湾北部、董家口、丁字湾、前岛、龙口湾、莱州湾东南岸、潍坊滨海、东营城东海域、滨州海域9个集中集约用海片区，构筑功能明晰、优势互补的开发和保护格局。培育"三个组团"（"青岛—潍坊—日照组团"、"烟台—威海组团"和"东营—滨州组团"三个城镇组团）。

在山东省委省政府的指导和有关方面的大力支持下，山东省海洋与渔业厅在3年多调研论证的基础上，编制了《山东半岛蓝色经济区集中集约用海规划》，包括"九大十小"集中集约用海区。全省确定了"九大十小"集中集约用海区。到2015年规划填海造地350 km^2，其中"九大"集中区填海造地260 km^2（含潮间带高地50 km^2），"十小"集中区填海造地90 km^2；到2020年规划填海造地640 km^2，其中"九大"集中区填海造地520 km^2（含潮间带高地160 km^2），"十小"集中区填海造地120 km^2。

其中渤海区域范围内，集中用海区包括：龙口湾临港产业聚集区（龙口部分和招远部分）（已获批）、潍坊滨海生态旅游度假区（已获批）、东营滨海新区、滨州临港产业聚集区和莱州海洋新能源产业聚集区等"九大"用海区和蓬莱西海岸海洋文化旅游产业聚集区、莱州临港产业聚集区和东营临港产业聚集区等"十小"集中集约用海区，"九大十小"集中集约用海区区域建设海规划共批复区域建设用海规划7个，批准填海面积共计11 671.82 hm^2（表1.5）。

截至2012年10月，环渤海区域共批复区域建设用海规划项目27个，批准填海面积69 969.66 hm^2。

表 1.5　山东省区域建设用海规划开展概况

序号	规划名称	批准文件	批复时间 （年-月-日）	规划 期限	规划批准 用海总面积 （hm²）	规划批准 填海面积 （hm²）	重点产业
1	董家口港口物流产业聚集区（青岛港董家口港区）区域建设用海规划	国海管字〔2012〕586号	2012-08-29	2016年	2 408.94	1 302.539 4	装卸储运、中转换装，运输组织，现代物流，临港工业
2	丁字湾海洋文化旅游产业聚集区区域建设用规划	国海管字〔2012〕269号	2012-05-02	2016年	4 622.333 6	1 577.913 7	海洋文化旅游产业
3	烟台东部海洋文化旅游产业聚集区区域建设用海规划的批复	国海管字〔2012〕231号	2012-04-11	2016年	2 549.377 5	1 066.427 7	参观展览、商务、文化、娱乐、度假
4	龙口湾临港高端制造业聚集区一期（龙口部分）优化方案	国海管字〔2011〕638号	2011-09-20	2016年	4 428.71	3 311	现代海洋装备制造为主的临港高端制造业聚集区
5	龙口湾临港高端制造业聚集区（招远部分）	国海管字〔2012〕233号	2012-04-11	2016年	1 215.279 6	1 215.279 6	滨海旅游、海洋高新科技产业、装备制造业、电子信息产业
6	蓬莱西海岸海洋文化旅游产业聚集区优化方案	国海管字〔2012〕466号	2012-07-17	2015年	974.407 5	652.94	沿海观光、旅游度假
7	潍坊滨海生态旅游度假区区域建设用海规划	国海管字〔2012〕238号	2012-04-13	2016年	5 205.812 6	2 545.720 8	海滨旅游业、配套服务产业

2 区域用海岸线开发历程

2.1 海岸线确定技术方法

2.1.1 海岸线遥感监测与分析技术流程

基于多源卫星影像，结合土地利用和外业调查等辅助资料，采用人机交互判读的方法，利用 Arcinfo 软件提取海岸线矢量图形，并将其分段添加海岸线类型属性。采用动态更新的方法获取各个时期的海岸线矢量数据，即以前期海岸线为本底，动态更新后期海岸线的位置和类型属性。最后对各期海岸线进行时空动态分析。海岸线遥感监测与分析技术流程如图 2.1 所示。

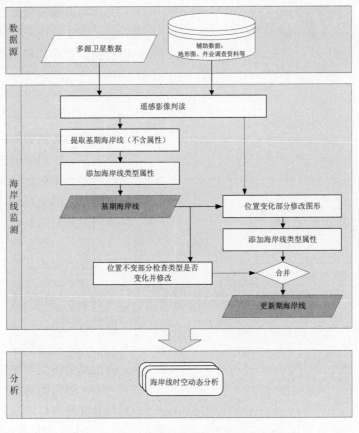

图 2.1 海岸线遥感监测与分析技术流程

2.1.2 海岸线分类系统

根据中国海岸类别划分和北方海域海岸物质组分特点，将渤海海岸线类型划分为：人工岸线、砂质岸线、淤泥质岸线、基岩岸线。各类海岸线的定义和遥感影像解释标志见表 2.1。

表 2.1 渤海海岸线定义和遥感影像解译标志

海岸线类型	代码	定义	解译标志
人工岸线	1	由水泥和石块构筑，具有明显的线性界线，一般在大潮高潮时，海水不能越过其分界线	线性界线在图像上具有较高的光谱反射率
砂质岸线	2	由陆地岩石风化或河流输入的砂粒在海浪作用下堆积形成	沙滩在卫星影像上的反射率比其他地物要高，并且质地均匀，色调发白
淤泥质岸线	3	由淤泥或杂以粉砂的淤泥（主要是指粒径为 0.05~0.01 mm 的泥沙）组成，多分布在输入细颗粒泥沙的大河入海口沿岸	高潮滩由于多数时间露在水面之上，在影像上呈浅灰色调；对于耐盐植物生长良好的滩面，生长在滩面上的耐盐植物呈红或红褐色调，其上部往往盐渍化程度较高，多为灰白，白色调；中潮滩由于波浪频繁作用，表现为较多的潮蚀沟和潮蚀坑，对阳光有较强的反射力，影像呈浅灰或灰褐色调
基岩岸线	4	由坚硬岩石组成，常有突出的海岬，在海岬之间，形成深入陆地的海湾，岬湾相间，海岸线十分曲折	海水与基岩海岸的分界线就是基岩岸线，解译特征是海岬角以及直立陡崖的水陆直接相接地带，直立陡崖反射率较高，色调发白

2.1.3 数据源获取与处理

开展渤海海岸线遥感监测的数据源以 20~30 m 空间分辨率的卫星影像数据为主。

（1）遥感数据源

研究使用的主要遥感数据是美国陆地卫星 Landsat TM 数据。无法覆盖区域补充使用"环境一号"卫星数据、中巴资源卫星（CBERS）的 CCD 数据等。其中，陆地卫星 Landsat TM 数据空间分辨率 30 m，"环境一号"卫星数据空间分辨率 30 m，CBERS CCD 数据空间分辨率 20 m。几种数据的空间分辨率满足监测需求，且均能实现假彩色合成。

遥感影像的时相选择。根据华北地区的物候特点，选择 5 月上旬至 10 月中旬获取的遥感数据，能更好地反映植被信息。在这个时间区间内，选择质量较好的遥感影像获取信息（如含云量小于 10% 等技术指标）。在条件允许的情况下，尽量保证所选多期图像的季节一致性。

（2）遥感影像的制备

按照上述标准，选取研究区的遥感影像，并将所有时期的遥感影像按近红外、红、绿波段顺序融合成标准假彩色图像。然后对照 2000 年标准分县影像进行几何精纠正。2000 年标准影像是对照 1∶10 万地形图经几何精纠正而得，分县存储，同名地物点的相对位置误差不超过 2 个像元。影像均保存为 Geotif 格式。采用 Albers 正轴等面积双标准纬线割圆锥投影，具体参数如下：

坐　标　系：大地坐标系

投　　　影：Albers 正轴等面积双标准纬线割圆锥投影

南标准纬线：25°N

北标准纬线：47°N

中　央 经线：105°E

坐 标 原点：105°E 与赤道的交点

纬 向 偏移：0°

经 向 偏移：0°

椭球参数采用 Krasovsky 参数：

$$a = 6\,378\,245.000\,0 \text{ m}$$

$$b = 6\,356\,863.018\,8 \text{ m}$$

统一空间度量单位：m

（3）辅助数据收集

收集对海岸线遥感动态监测所需要的，具有重要参考意义的数据和其他相关的图件、文字资料等，如地形图、行政区划图、地方志、外业调查等资料，作为开展遥感监测的参考数据，为海岸线遥感解译提供支持。

2.1.4　海岸线位置遥感监测原则

由于采用遥感自动分类方法获取的海岸线实质上为卫星过顶时的瞬时水边线，其位置受潮汐、海岸地形等因素的影响变化很大，因此为了科学地反映海岸线的动态变化，本研究采用人工目视解译方法来判读海岸线的类型及位置。

根据"我国近海海洋综合调查与评价专项"定义将海岸线（Coastline）限定为平均大潮高潮时水陆分界的痕迹线。在参考以往关于海岸线遥感提取方法的基础上，并根据研究区域较大，所用遥感影像时相不同的特点，按照如下原则确定海岸线的空间位置。

（1）人工海岸是由水泥和石块构筑，一般有规则的水陆分界线，例如码头、船坞等规则建筑物，在卫星影像上具有较高的光谱反射率，与光谱反射率很低的海水容易区分。因此选择人工海岸向海一侧为海岸线（图 2.2a）。

（2）砂质海岸是砂粒在海浪作用下堆积形成，在卫星影像上的反射率较高。自然状态的砂质海岸中会有部分沙滩在高潮线以上，并且易与水泥公路、采沙坑等在遥感影像上有较高反射率的地物混淆。将各个年度的遥感影像做对比，发现砂质岸线在影像上

17

的变化并不明显；并且在较大区域的砂质海岸宽度差别也很大，野外观测发现部分地区沙滩宽度不及 Landsat TM 影像 1 个像元宽度（30 m），若沿砂质海岸向陆一侧解译海岸线，则很可能包含公路等人工地物的宽度。因此选择砂质海岸的水陆分界线为海岸线（图 2.2b）。

（3）对于已开发或面积较小的淤泥质海岸，选择其他地物如植被、虾池、公路等与淤泥质岸滩的分界线作为海岸线，在大潮高潮时，海水不能越过其分界线。对于无人工开发的淤泥质海岸，平均大潮高潮线以上的裸露土地与平均大潮高潮线以下的潮滩，在影像上会呈现色彩的差异，其分界线作为海岸线（图 2.2c）。

（4）基岩海岸是海浪长期侵蚀海岸边的岬角所形成的，海岬角以及直立陡崖的水陆直接相接地带可以作为基岩海岸的海岸线（图 2.2d）。

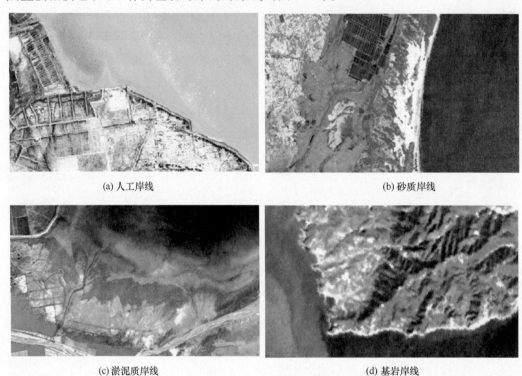

(a) 人工岸线   (b) 砂质岸线

(c) 淤泥质岸线   (d) 基岩岸线

图 2.2　海岸线类型示例

2.1.5　基期海岸线数据编辑

（1）图形编辑

海岸线矢量数据的编辑在 ArcGis 环境下进行。

①在 Arcinfo/workstation 平台上提取基期海岸线矢量图形。

②消除伪结点。伪结点的存在增加了数据量和线段个数，不利于后期的属性编辑工作，应该消除。利用 Arcinfo/workstation 的 Ars & Nodes 编辑工具 unsplit 命令把由伪结点

分开的弧段连接成一条弧段，连接的弧段具有相同的 User – ID 值。

③将消除伪结点的文件保存。命名规则以"sl + 年代 + 地名缩写"构成，如 2010 年天津海岸线命名为：sl2010tj。

（2）海岸线属性编辑

选择要编辑的弧段，如果一条弧段包含一种海岸线类型，则添加相应的属性代码；如果一条弧段包含多种海岸线类型，则需要对弧段添加结点，将弧段打断成多条弧段，然后对每条弧段分别添加属性。

弧段添加结点利用 Arcinfo/workstation 的 Ars & Nodes 编辑工具 split 命令。

海岸线矢量文件的 User – ID 属性字段宽度占 6 个字节，每条弧段的 User – ID 属性为该弧段的海岸线类型代码。

（3）质量检查

采用抽样检查的方法评价判读精度，要求分类属性精度优于 90%。

2.1.6 海岸线动态信息遥感提取与编辑

在获得基期海岸线位置和类型属性的基础上，在 Arcinfo/workstation 环境下动态更新后期海岸线的位置和类型属性。

为了保证前后两期海岸线位置和属性没有变化的部分图形边界保持严格一致和减少添加类型属性的工作量，更新期的海岸线数据编辑将在基期海岸线的基础上完成。将海岸线分为位置有变化和没变化的两部分来做动态提取与编辑。

（1）对于位置没有变化的海岸线只检查海岸线的属性变化，若属性没有变化则保留本底海岸线属性，若有变化则将本底海岸线分段并且添加新属性。

（2）对于位置有变化的海岸线修改图形并添加属性。

（3）将两部分海岸线合并得到更新期的海岸线。

（4）对合并后的海岸线加工，减少伪结点数量。

（5）将上述消除伪结点的矢量文件保存。命名规则以"sl + 年代 + 地名"构成。

（6）质量检查。采用抽样检查的方法评价更新期海岸线判读精度，要求分类属性精度优于 90%。

2.2 渤海区域海岸线

2.2.1 渤海海岸线遥感监测

利用遥感与 GIS 技术，完成了渤海区域 2000 年、2005 年、2008 年、2010 年和 2012 年海岸线及其变化状况的监测（表 2.2、图 2.3）。

表 2.2 渤海海岸线遥感监测数据结果统计　　　　　　单位：km

地区	类型	年份				
		2000	2005	2008	2010	2012
天津	人工岸线	38.58	48.28	77.72	185.46	265.76
	砂质岸线	—	—	—	—	—
	淤泥质岸线	107.95	106.59	101.09	76.78	36.86
	基岩岸线	—	—	—	—	—
	合计	146.53	154.87	178.81	262.24	302.62
河北	人工岸线	259.40	294.95	344.02	353.60	414.37
	砂质岸线	90.34	90.12	88.64	87.81	79.19
	淤泥质岸线	11.85	4.20	3.59	3.35	1.79
	基岩岸线	4.09	4.09	4.09	4.09	4.09
	合计	365.68	393.36	440.35	448.85	499.44
辽宁	人工岸线	664.79	766.52	815.63	919.30	1 014.36
	砂质岸线	217.89	205.13	190.73	170.56	156.35
	淤泥质岸线	44.24	33.02	31.50	21.52	18.00
	基岩岸线	290.58	249.01	233.30	212.84	192.69
	合计	1 217.50	1 253.68	1 271.16	1 324.22	1 381.40
山东	人工岸线	604.90	651.02	632.80	643.94	673.36
	砂质岸线	107.39	95.23	90.17	90.17	81.53
	淤泥质岸线	135.22	157.40	161.42	169.02	155.96
	基岩岸线	10.34	10.34	8.74	8.20	8.02
	合计	857.85	913.99	893.13	911.33	918.87
渤海	人工岸线	1675.62	1 867.36	1 971.27	2 179.08	2 404.71
	砂质岸线	415.62	390.47	369.54	348.55	317.07
	淤泥质岸线	191.31	194.63	196.51	193.89	175.75
	基岩岸线	305.01	263.45	246.13	225.12	204.79
	合计	2 587.56	2 715.91	2 783.45	2 946.64	3 102.32

2.2.2　渤海海岸线动态分析

图 2.3 所示为 2000—2012 年渤海海岸线空间分布情况。

（1）海岸线长度变化分析

2000—2012 年渤海海岸线长度持续增加（图 2.4）。2000 年渤海海岸线长度 2 587.57 km，2012 年渤海海岸线长度 3 102.32 km，长度增加了 514.75 km，年均增加 42.90 km。渤海海岸线变化速度呈波动上升趋势（图 2.5、图 2.6）。2000—2012 年渤海海岸线长度始终保持辽宁省最大，其次为山东省，再次为河北省，天津市海

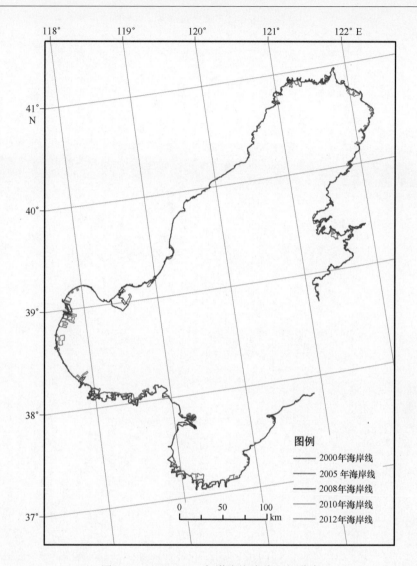

图 2.3　2000—2012 年渤海海岸线空间分布

岸线长度最小。

2000—2005 年，渤海海岸线长度增加了 128.34 km，年均增加 25.67 km。从海岸线长度变化的绝对值看，2000—2005 年海岸线变化最快的是山东省，增加了 56.14 km，年均增加 11.23 km；其次为辽宁省，增加了 36.17 km，年均增加 7.23 km；再次为河北省，增加了 27.68 km，年均增加 5.54 km；而此时期的天津市海岸线变化速度相对较缓，增加了 8.34 km，年均增加 1.67 km。

2005—2008 年，渤海海岸线长度增加了 67.55 km，年均增加 22.52 km。山东省海岸线长度略有减少，其他省市海岸线的长度均有所增加。河北省海岸线长度增加速度最快，增加了 46.98 km，年均增加 15.66 km；其次为天津市，增加了 23.95 km，海岸线年均增加 7.98 km；再次为辽宁省，增加了 17.48 km，年均增加 5.83 km。山东省海岸

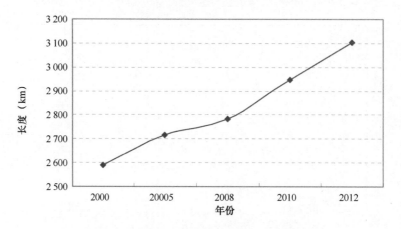

图 2.4　2000—2012 年渤海海岸线长度变化

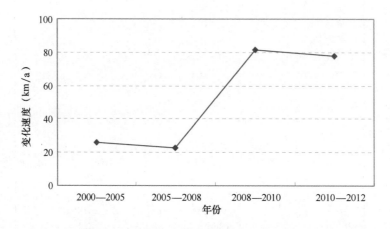

图 2.5　2000—2012 年渤海海岸线变化速度

线有所减少，减少了 20.87 km，年均减少 6.96 km。

　　2008—2010 年，渤海海岸线长度增加了 163.19 km，年均增加 81.60 km。"三省一市"海岸线长度均增加。其中天津市海岸线长度增加速度最快，增加了 83.42 km，年均增加 41.71 km；其次为辽宁省，增加了 53.06 km，海岸线年均增加 26.53 km；再次为山东省，增加了 18.20 km，海岸线年均增加 9.10 km；河北省海岸线变化速度较缓，增加了 8.50 km，年均增加 4.25 km。

　　2010—2012 年，渤海海岸线长度增加了 155.67 km，年均增加 77.84 km。"三省一市"海岸线长度均增加。其中辽宁省海岸线长度增加速度最快，增加了 57.18 km，年均增加 28.59 km；其次为河北省，增加了 50.58 km，海岸线年均增加 25.29 km；再次为天津市，增加了 40.38 km，海岸线年均增加 20.19 km；山东省海岸线变化速度较缓，增加了 7.54 km，年均增加 3.77 km。

　　因为渤海"三省一市"海岸线长度存在差异，监测时期间隔也不同，为了客观对比各时段海岸线长度变化速度的时空差异，采用某一段时段内海岸线长度的年均变化百

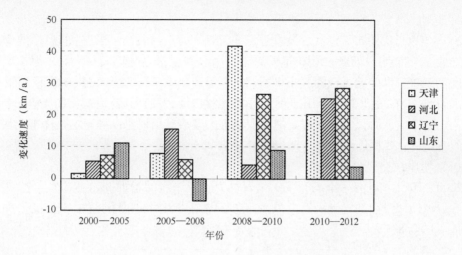

图 2.6　2000—2012 年三省一市海岸线变化速度

分比来表示海岸线的变化强度［式（2.1）、图 2.7］。

$$LCI_{ij} = \frac{L_j - L_i}{L_i \ (j - i)} \times 100\% \qquad (2.1)$$

式（2.1）中，LCI_{ij} 表示第 i 年至第 j 年海岸线长度变化强度（Length Change Intensity）；L_i 表示第 i 年海岸线的长度；L_j 表示第 j 年海岸线的长度。

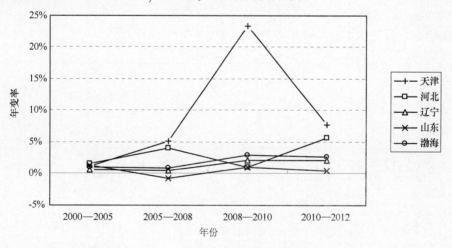

图 2.7　2000—2012 年"三省一市"海岸线变化强度

　　2000—2012 年渤海整体海岸线的变化强度为 1.66%。分时间段来看，2008—2010 年渤海海岸线的变化强度最大，为 2.93%，其次为 2010—2012 年，变化强度为 2.64%；再次为 2000—2005 年，变化强度为 0.99%；2005—2008 年最小，变化强度为 0.83%。分区域来看，天津市海岸线变化强度最大，为 8.88%；其次为河北省，变化强度为 3.05%；再次为辽宁省，变化强度为 1.12%；山东省海岸线变化强度最小，为 0.59%。

2005 年以后天津市海岸线的变化强度较辽宁省、河北省和山东省的海岸线变化强度始终最大，特别是 2008—2010 年天津市海岸线的变化强度较大；河北省海岸线的变化强度在 2000—2005 年最大，在 2005—2008 年和 2010—2012 年仅次于天津市的变化强度。因此，2000—2012 年，以天津市和河北省为代表的渤海湾沿海是渤海海岸线变化最剧烈的区域，而天津港、曹妃甸工业区等大型沿海工程建设是影响天津市和河北省海岸线变化的首要原因。

（2）海岸线类型变化分析

2000—2012 年渤海海岸线类型变化表现为人工岸线的增加和自然岸线（包括砂质岸线、淤泥质岸线和基岩岸线）的减少，人工岸线长度增加是渤海岸线长度增加的主要原因（图 2.8、图 2.9）。

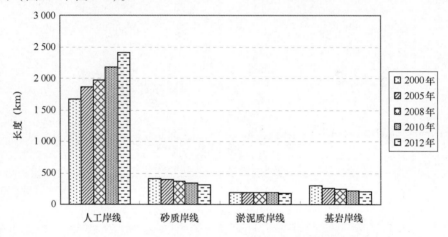

图 2.8　2000—2012 年渤海各类海岸线长度变化

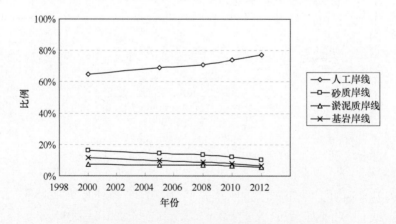

图 2.9　2000—2012 年渤海海岸线长度比例变化

2000—2012 年渤海各类型海岸线长度始终保持人工岸线比例最大，其次为砂质岸线，再次为基岩岸线，淤泥质岸线比例最小。2000—2012 年渤海人工岸线比例由

64.76%上升为77.51%，增加了12.76%；砂质岸线的比例由16.06%降低为10.22%，减少了5.84%；基岩岸线的比例由11.79%降低为6.60%，减少了5.19%；淤泥质岸线的比例由7.39%降低为5.67%，减少了1.73%。

2000—2012年渤海人工岸线增加了729.09 km，年均增加60.76 km；砂质岸线减少了98.55 km，年均减少8.21 km；淤泥质岸线减少了15.56 km，年均减少1.30 km；基岩岸线减少了100.22 km，年均减少5.35 km。自然岸线合计减少了214.34 km，年均减少17.86 km。

2.3 "三省一市"海岸线时空特征分析

2.3.1 辽宁省海岸线变化

2000—2012年辽宁省渤海海岸线变化主要集中在锦州湾、双台子河口、辽河口、长兴岛南部等附近区域（图2.10）。主要海岸带工程如锦州西海工业区、盘锦辽滨经济开发区、营口沿海产业基地、长兴岛临港工业区等。

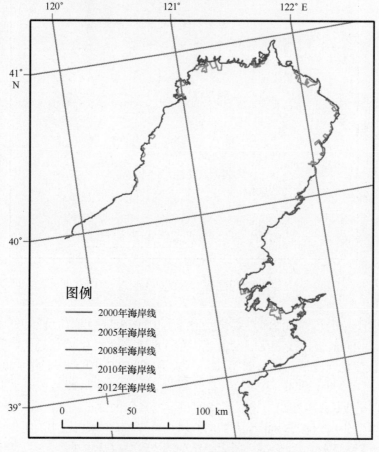

图2.10 2000—2012年辽宁省渤海海岸线空间分布

2000—2012 年辽宁省渤海海岸线长度增加了 163.90 km,年均增加 13.66 km,变化强度为 1.12%。辽宁省海岸线变化强度自 2008 年后开始增强,其中 2010—2012 年最大,为 2.16%;其次为 2008—2010 年,海岸线变化强度为 2.09%。2000—2005 年、2005—2008 年海岸线变化强度相对较小,分别为 0.59%和 0.46%。

2000—2012 年辽宁省渤海沿岸人工岸线增加了 349.57 km,比例增加了 52.58%;砂质岸线减少了 61.55 km,比例减小了 28.25%;淤泥质岸线减少了 26.24 km,比例减小了 59.31%;基岩岸线减少了 97.89 km,比例减小了 33.69%。

2.3.2 山东省海岸线变化

2000—2012 年山东省渤海海岸线变化主要集中在滨州市沿海、黄河口、莱州湾南部沿海等区域(图 2.11)。主要海岸带工程有滨州经济开发区建设、龙口港建设、潍坊港建设、昌邑沿海经济开发区建设等。

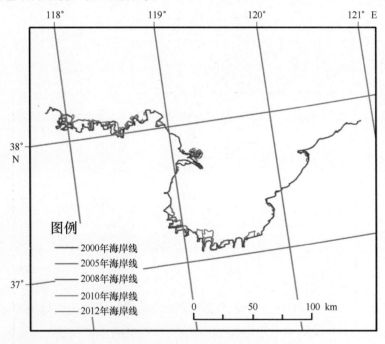

图 2.11 2000—2012 年山东省渤海海岸线空间分布

2000—2012 年山东省渤海海岸线长度增加了 61.02 km,年均增加 5.09 km,变化强度为 0.59%。山东省海岸线变化强度的绝对值呈现出缓慢波动降低趋势。其中 2000—2005 年海岸线变化强度最大,为 1.31%;其次为 2008—2010 年,变化强度为 1.02%;再次为 2010—2012 年,变化强度为 0.41%。2005—2008 年海岸线变化强度最小,为 −0.76%,海岸线长度减小由海岸线形状的裁弯取直变化引起。

2000—2012 年山东省渤海沿岸人工岸线增加了 68.46 km,比例增加了 52.58%;砂质岸线减少了 25.85 km,比例减小了 24.07%;基岩岸线减少了 2.33 km,比例减小了 22.50%。淤泥质岸线增加了 20.74 km,比例增加了 15.34%,淤泥质岸线增加主要由黄河口及附近海岸淤积变化引起。

2.3.3 河北省海岸线变化

2000—2012 年河北省海岸线变化主要集中在滦河口、滦南县以及黄骅市沿海区域（图2.12），主要海岸带工程有滦河口海涂养殖、坑塘建设、曹妃甸工业开发区建设以及黄骅港建设等。

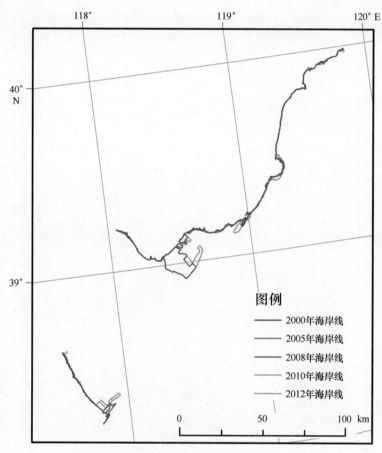

图 2.12 2000—2012 年河北省海岸线空间分布

2000—2012 年河北省海岸线长度增加了 133.75 km，年均增加 11.15 km，变化强度为 3.05%。河北省海岸线在 2005—2008 年、2010—2012 年两个时段的变化强度相对较大，其中 2010—2012 年海岸线变化强度最大，为 5.63%；其次为 2005—2008 年，海岸线变化强度为 3.98%。2000—2005 年与 2008—2010 年河北省海岸线变化强度相对较小，分别为 1.51% 和 0.97%。

2000—2012 年河北省人工岸线增加了 154.97 km，比例增加了 59.74%；砂质岸线减少了 11.16 km，比例减小了 12.35%；淤泥质岸线减少了 10.07 km，比例减小了 84.93%；基岩岸线保持不变。

2.3.4 天津市海岸线变化

2000—2012 年天津港及邻近海域的滨海新区建设是天津市海岸线变化的主要原因（图 2.13）。

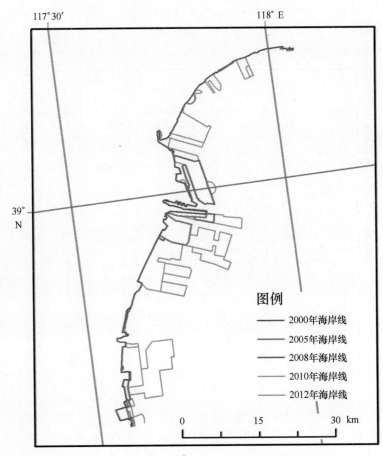

图 2.13 2000—2012 年天津市海岸线空间分布

2000—2012 年天津市海岸线长度增加了 156.09 km，年均增加 13.01 km，变化强度为 8.88%。2008—2010 年是天津市海岸线的集中变化时期，海岸线变化强度非常大，为 23.33%；其次为 2010—2012 年，海岸线变化强度为 7.70%；再次为 2005—2008 年，变化强度为 5.15%。2000—2005 年海岸线变化强度相对较小，为 1.14%。

天津市地处华北平原，海岸类型属于平原海岸，2000 年后沿海淤泥质岸线随着区域建设用海规划开发大规模减少，自然岸线的比例由 2000 年的 73% 降低到 2012 年的 12%。

2.4 渤海集约用海区岸线变化

2.4.1 辽西锦州湾沿海经济区

辽西锦州湾沿海经济区区域建设用海规划分为南北两部分，从 2005 年起，规划区内没有自然岸线。南部区域在 2005 年、2008 年、2010 年、2011 年和 2012 年形成的人工岸线总数分别为：13.90 km、11.60 km、15.21 km、15.21 km 和 19.32 km；北部区域在 2005 年、2008 年、2010 年、2011 年和 2012 年形成的自然岸线总数分别为：23.46 km、21.46 km、23.74 km、26.31 km 和 26.86 km。辽西锦州湾沿海经济区岸线变化情况见表 2.3、图 2.14。

表 2.3 辽西锦州湾沿海经济区岸线变化   单位：km

年份	2005	2008	2010	2011	2012
南部人工岸线	13.90	11.60	15.21	15.21	19.32
北部人工岸线	23.46	21.46	23.74	26.31	26.86
总岸线	37.36	33.06	38.95	41.52	46.18

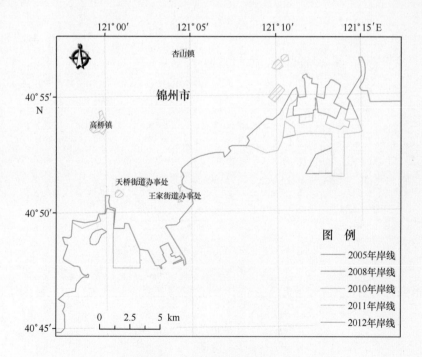

图 2.14 辽西锦州湾岸线变化

2.4.2 辽宁营口鲅鱼圈临海工业区

辽宁营口鲅鱼圈临海工业区区域建设用海规划，在 2005 年，规划区内自然岸线 40.47 km，没有形成人工岸线；在 2008 年，规划区范围内自然岸线 34.93 km，形成人工岸线共 11.91 km；2010 年，规划区内自然岸线 30.43 km，形成人工岸线共 28.37 km；2011 年，规划区内自然岸线 30.42 km，形成人工岸线共 35.18 km；2012 年，规划区内自然岸线 27.69 km，形成人工岸线共 46.55 km。辽宁营口鲅鱼圈临海工业区岸线变化情况见表 2.4、图 2.15。

表 2.4　辽宁营口鲅鱼圈临海工业区岸线变化　　　　　单位：km

年份	2005	2008	2010	2011	2012
自然岸线	40.47	34.93	30.43	30.42	27.69
人工岸线	0	11.91	28.37	35.18	46.55
总岸线	40.47	46.84	58.80	65.60	74.24

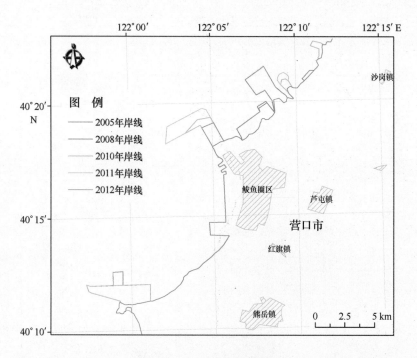

图 2.15　辽宁营口岸线变化

2.4.3　辽宁长兴岛临港工业区

辽宁长兴岛临港工业区区域建设用海规划，2005 年，规划区内自然岸线 76.07 km，没有形成人工岸线；2008 年，规划区内自然岸线 60.99 km，形成人工岸线 11.94 km；2010 年，规划区内自然岸线 60.71 km，形成人工岸线共 14.16 km；2011 年，规划区内自然岸线 41.90 km，形成人工岸线共 36.33 km；2012 年，规划区内自然岸线 34.66 km，形成人工岸线共 43.49 km。辽宁长兴岛临港工业区岸线变化情况见表2.5、图2.16。

表 2.5　辽宁长兴岛临港工业区岸线变化　　　　　　　　　单位：km

年份	2005	2008	2010	2011	2012
自然岸线	76.07	60.99	60.71	41.90	34.66
人工岸线	0	11.94	14.16	36.33	43.49
总岸线	76.07	72.93	74.87	78.23	78.15

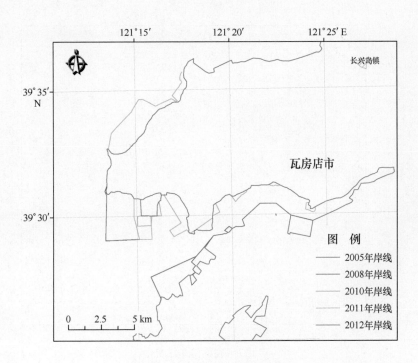

图 2.16　辽宁长兴岛岸线变化

2.4.4　河北省曹妃甸循环经济区

河北省曹妃甸循环经济区区域建设用海规划，在2005年，规划区范围内自然岸线19.97 km，形成人工岸线28.90 km；2008年规划区范围内自然岸线3.19 km，形成人工岸线共112.49 km；2010年规划区范围内自然岸线消失，形成人工岸线共123.16 km；2011年和2012年规划区范围内形成人工岸线总数变化不大，分别为142.92 km和142.69 km。河北省曹妃甸循环经济区岸线变化情况见表2.6、图2.17。

表2.6　曹妃甸循环经济区岸线变化

单位：km

年份	2005	2008	2010	2011	2012
自然岸线	19.97	3.19	0	0	0
人工岸线	28.90	112.49	123.16	142.92	142.69
总岸线	48.87	115.68	123.16	142.92	142.69

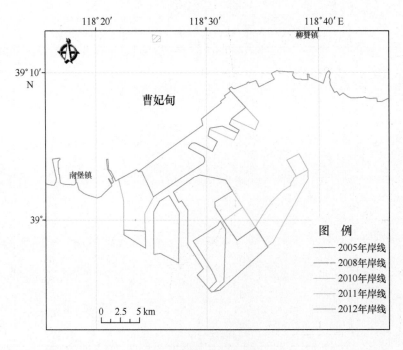

图2.17　曹妃甸岸线变化

2.4.5　天津滨海新区

天津滨海新区区域建设用海规划，2005年规划区范围内自然岸线24.77 km，人工岸线13.89 km；2008年规划区范围内自然岸线23.59 km，人工岸线14.36 km；2010年

规划区范围内自然岸线消失，人工岸线 81.52 km；2011 年，人工岸线 113.15 km；2012
年，人工岸线 125.79 km。天津滨海新区岸线变化情况见表 2.7、图 2.18。

表 2.7 天津滨海新区岸线变化 单位：km

年份	2005	2008	2010	2011	2012
自然岸线	24.77	23.59	0	0	0
人工岸线	13.89	14.36	81.52	113.15	125.79
总岸线	38.66	37.95	81.52	113.15	125.79

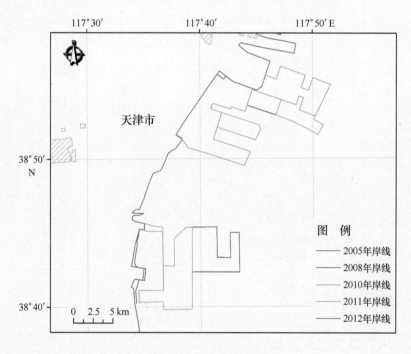

图 2.18 天津岸线变化

2.4.6 沧州渤海新区

沧州渤海新区区域建设用海规划，2007 年，规划区范围内自然岸线 9.50 km，形成
人工岸线 15.39 km；2010 年，规划区范围内已经没有自然岸线，形成人工岸线共
29.93 km；2011 年，规划区形成人工岸线共 30.69 km；2012 年，规划区内形成人工岸
线共 46.49 km。沧州渤海新区岸线变化情况见表 2.8、图 2.19。

表 2.8　沧州渤海新区岸线变化　　　　　　　　　　　　　　　　　　单位：km

年份	2007	2010	2011	2012
自然岸线	9.50	0	0	0
人工岸线	15.39	29.93	30.69	46.49
总岸线	24.89	29.93	30.69	46.49

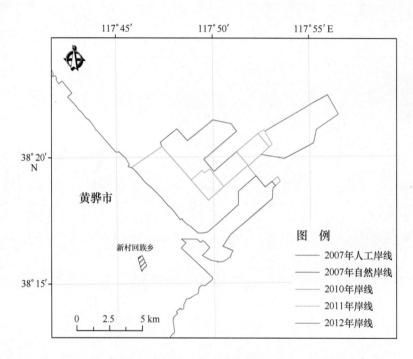

图 2.19　沧州岸线变化

2.4.7　潍坊滨海生态旅游度假区

　　潍坊滨海生态旅游度假区区域建设用海规划，规划填海不占用自然岸线，规划范围内自然岸线总长度为 20.44 km。2010 年，没有形成人工岸线；2011 年，规划区内开始施工，但是没形成人工岛岸线；2012 年，规划区内新增人工岛岸线 35.41 km。潍坊滨海生态旅游度假区岸线变化情况见表 2.9、图 2.20。

表 2.9　潍坊滨海生态旅游度假区岸线变化　　　　　　　　　　　单位：km

年份	2010	2011	2012
自然岸线	20.44	20.44	20.44
人工岛岸线	0	0	35.41
总岸线	20.44	20.44	55.85

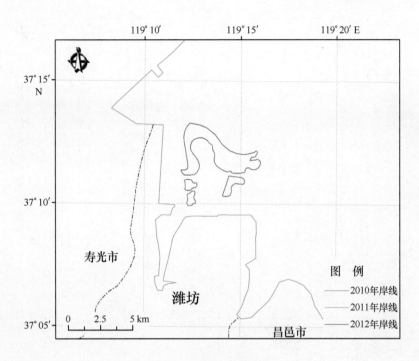

图 2.20 潍坊岸线变化

2.4.8 龙口湾临港高端产业聚集区

龙口湾临港高端产业聚集区区域建设用海规划选址于山东半岛西北部的龙口湾南部海域，规划填海不占用自然岸线，规划范围内自然岸线总长 19.38 km。在 2010 年，没有形成人工岸线；2011 年，规划区内新增人工岸线 6.76 km；2012 年，规划区内形成人工岸线共 99.23 km。龙口湾临港高端产业聚集区岸线变化情况见表 2.10、图 2.21。

表 2.10 龙口湾临港高端产业聚集区岸线变化　　　　　　　　　　　　单位：km

年份	2010	2011	2012
自然岸线	19.38	19.38	19.38
人工岛岸线	0	6.76	99.23
总岸线	19.38	26.14	118.61

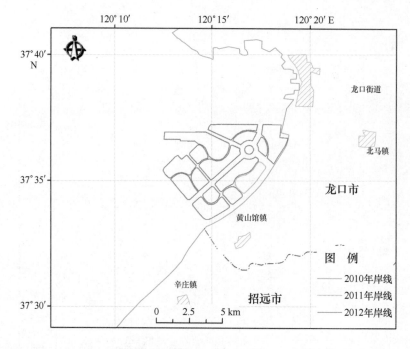

图 2.21 龙口岸线变化

2.5 总 结

2000—2012 年渤海海岸线主要变化特征如下。

（1）2000—2012 年渤海海岸线长度增加了 514.75 km，年均增加 42.90 km，变化强度为 1.66%。以天津市和河北省为代表的渤海湾沿海是渤海海岸线变化最剧烈的区域。

（2）海岸线变化强度。分时间段来看，2008—2010 年渤海海岸线的变化强度最大，为 2.93%；其次为 2010—2012 年，变化强度为 2.64%；再次为 2000—2005 年，变化强度为 0.99%；2005—2008 年最小，变化强度为 0.83%。分区域来看，天津市海岸线变化强度最大，为 8.88%；其次为河北省，变化强度为 3.05%；再次为辽宁省，变化强度为 1.12%；山东省海岸线变化强度最小，为 0.59%。

（3）2000—2012 年渤海海岸线类型变化表现为人工岸线增加和自然岸线（包括砂质岸线、淤泥质岸线和基岩岸线）减少。2000—2012 年渤海人工岸线比例由 64.76% 上升为 77.51%，增加了 12.76%；砂质岸线的比例由 16.06% 降低为 10.22%，减少了 5.84%；基岩岸线的比例由 11.79% 降低为 6.60%，减少了 5.19%；淤泥质岸线的比例由 7.39% 降低为 5.67%，减少了 1.73%。

（4）渤海集约用海区海岸线变化：早期的区域建设用海规划在规划实施范围之内，将自然岸线全部转化为人工岸线，如辽西锦州湾沿海经济区、河北省曹妃甸循环经济区、天津滨海新区和沧州渤海新区；随着区域建设用海规划的优化布局设计，规划范围内占用的自然岸线逐步减少，自然岸线损失在50%以内，如辽宁营口鲅鱼圈临海工业区和辽宁长兴岛临港工业区区域建设用海规划；山东的集中集约用海规划范围内自然岸线占用比例较小，基本不占用自然岸线，采用离岸式人工岛设计，增加了人工岛岸线。

3 区域用海围填海开发历程

3.1 围填海遥感识别方法

采用"我国近海海洋综合调查与评价专项"的海域使用分类体系，建立了中分辨率多光谱卫星标准假彩色合成影像关于围填海遥感分类系统和相应围填海类型的解译标志；提出了围填海遥感信息提取的技术流程。

围填海遥感动态监测以土地利用数据和海岸线数据为基础，利用 Arcinfo 软件提取海岸线动态范围以及海域土地利用类型变化，然后结合卫星影像提取包含围填海类型的多边形图斑并修改其形状，以及赋予相关用途属性。

3.1.1 数据收集与处理

渤海围填海监测与海岸线动态监测采用同一套遥感基础数据。

3.1.2 围填海边界信息确定原则

"我国近海海洋综合调查与评价专项"关于围填海的定义为：在沿海筑堤围割滩涂和港湾并填成土地的工程用海。围填海的边界确定分为向海域扩展一侧的外边界确定和靠近内陆一侧的内边界确定两个方面。其中，内边界为前一时期的海岸线的位置；外边界的确定以当前时期的遥感影像数据为基础，采用目视解译人工判读的方法，解译外边界的轮廓，如有明显的线形人工围堰，轮廓线选择人工围堰的外围。

3.1.3 围填海类型确定原则

参照《海籍调查规范》（HY/T124 - 2009），将海域使用类型划分为 9 个一级类、25 个二级类，涉及的主要围填海类型包括港口建设填海造地用海、城镇建设填海造地用海、农业填海造地用海、围海养殖用海、盐田用海等。

本书基于相关围填海用海类型的定义及其在 TM 卫星影像上的地物类型可分性，制定了围填海的遥感分类体系。依据在标准假彩色合成影像上各种围填海类型的色调、纹理、形状以及空间组合等图像特征的差异，制定围填海遥感解译标志（表 3.1、图 3.1）。

表 3.1　围填海类型及定义

类型	定义	解译标志
港口建设填海造地用海	通过围填海域形成土地并用于港口建设的工程用海	色调多为青灰色或灰白色，边缘呈齿状，具有防波堤、港池等附属地物
城镇建设填海造地用海	通过围填海域形成土地并用于城镇建设的工程用海	一般与邻近城市衔接，地物构成多样化，其中道路格网色调发白、植被绿化带色调发红、建筑物色调发白或发灰；城市湿地色调发黑
农业填海造地用海	通过围填海域形成土地并用于农林牧业的工程用海	一般与邻近耕地衔接，在植被生长季色调发红，纹理均匀
围海养殖用海	通过围海筑堤进行养殖所使用的海域	呈格网状，一般为长条状，网格大小均一；色调偏蓝黑色，受水生植被影响，夏季部分坑塘色调泛红
盐田用海	盐田及其取水口所使用的海域	呈格网状，网格大小不等，一般规模比较大，由道路、结晶池、卤池、纳潮口等地物构成。道路平直，色调发白；卤池色调为深蓝色；结晶池色调浅蓝泛白；盐山堆积呈条带状，反射率较高，色调为亮白色
其他用海	上述类型以外的填海用海（主要为处于在建状态的未知用途填海）	主要为处于在建状态的未知用途填海，若为淤泥质，则色调偏灰；若为砂质，则呈亮白色

3.1.4　围填海遥感监测技术流程

一般地，海岸线动态能反映部分围填海空间分布信息，这部分围填海的内边界线为围海前的海岸线，侧边界线和外边界线按围海后的边缘提取；对于处于海岸线以下独立存在于海涂和海面上的岛状围填海信息，按围海的具体边界提取。因此，本节基于两期沿海卫星遥感影像和 Arcinfo 软件平台，先开展围海前后两期的海岸线遥感解译，在提取海岸线遥感动态范围的基础上，基于围填海定义和解译标志，选取与围填海有关的海岸线动态范围，修改并增加相应的围填海类型属性；然后增加在海涂或海面上独立分布的岛状围填海信息，从而实现围填海信息的遥感提取。总体技术路线主要包括资料收集（卫星影像、地形图、行政区划图、沿海工程规划图等资料）、影像几何精纠正、外业调查、海岸线和围填海信息遥感解译、质量检查与修改、数据集成、结果分析等步骤（图 3.2）。

（1）海岸线动态范围提取

将两期海岸线叠加，有动态部分的海岸线与前期海岸线围成多边形图斑。使用 Ar-

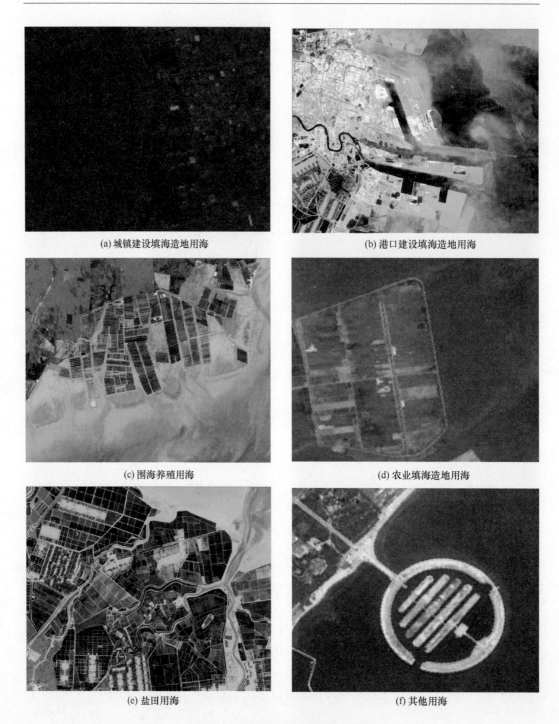

(a) 城镇建设填海造地用海

(b) 港口建设填海造地用海

(c) 围海养殖用海

(d) 农业填海造地用海

(e) 盐田用海

(f) 其他用海

图 3.1　渤海围填海主要用途示例

cinfo/workstation 软件的 Clean 和 Build 命令对其进行拓扑编辑，悬弧（Dangle Length）
和容差（Fuzzy Tolerance）参数均设为 1，对于多边形外的悬弧可以通过命令方式，选择一定长度予以删除，如果删除不尽，需要手工删除。多边形的宽度和面积反映了海岸线的变动范围。

将消除伪结点的文件保存。命名规则以"wh + 年代名 + 地名"构成，如 2000—2005 年天津围填海数据命名为：wh0005tj。

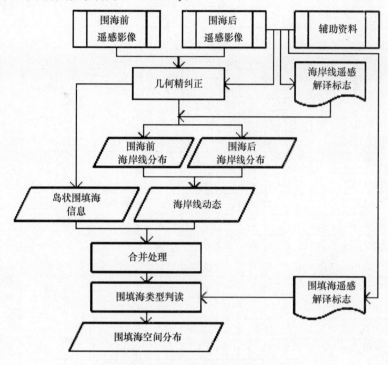

图 3.2　围填海遥感提取技术流程

（2）围填海数据添加类型属性

使用 Arcinfo/workstation 软件 Edit polygons 模块对海岸线动态范围进行 Split（分割）和 Merge（合并）等操作。围填海矢量文件的 User – ID 属性字段宽度占 6 个字节，每个图斑的 User – ID 属性为该图斑的围填海类型代码。

对编辑完图形的围填海矢量数据使用 Clean 和 Build 命令对其进行拓扑编辑。

编辑完成后的围填海监测结果，采用 Arc/info coverage 的矢量数据格式保存。

由质量检查组进行统一的抽样检查，要求分类属性的定性精度优于90%。质量判定依据全国 1∶10 万土地利用数据库质量检查的技术规范。

3.2　环渤海围填海遥感监测分析

3.2.1　渤海围填海遥感监测

利用遥感与 GIS 技术，完成了渤海区域 2000—2005 年、2005—2008 年、2008—2010 年、2010—2012 年围填海类型、分布及其变化状况的监测（表 3.2、图 3.3）。

41

表 3.2　渤海围填海遥感监测数据结果统计　　　　　　单位：km²

地区	类型	年份				合计
		2000—2005	2005—2008	2008—2010	2010—2012	
天津	港口建设用海	0.46	36.98	99.61	135.21	272.25
	城镇建设用海	—	—	0.37		0.37
	围垦用海	—	—	—	—	0.00
	围海养殖	6.13	0.07	0.30	6.23	12.73
	盐田用海	—	4.54	24.36	0.32	29.21
	其他用海	28.02	0.53	—	—	28.55
	合计	34.61	42.12	124.64	141.76	343.13
河北	港口建设用海	31.88	197.70	40.58	52.89	323.05
	城镇建设用海	—	—	0.02	0.53	0.55
	围垦用海	—	—	—	—	0.00
	围海养殖	19.52	5.64	9.97	31.80	66.94
	盐田用海	1.13	1.56	1.55	—	4.24
	其他用海	1.06	0.58	0.15	16.33	18.12
	合计	53.59	205.48	52.27	101.55	412.90
辽宁	港口建设用海	21.74	4.10	29.61	101.01	156.45
	城镇建设用海	0.15	2.49	1.01	2.00	5.65
	围垦用海	8.94	0.21	0.52	7.79	17.47
	围海养殖	61.53	37.64	93.29	102.41	294.87
	盐田用海	15.94	7.51	5.99	13.47	42.92
	其他用海	0.19	8.59	10.81	9.06	28.64
	合计	108.49	60.54	141.23	235.74	546.00
山东	港口建设用海	3.59	3.60	34.01	64.94	106.14
	城镇建设用海	0.01	—	—	—	0.01
	围垦用海	—	—	—	—	0.00
	围海养殖	23.04	3.47	6.66	68.01	101.18
	盐田用海	380.39	43.48	35.75	52.25	511.87
	其他用海	11.69	46.20	18.37	71.33	147.58
	合计	418.72	96.75	94.79	256.53	866.78
渤海	港口建设用海	57.67	242.37	203.81	354.05	857.89
	城镇建设用海	0.16	2.49	1.40	2.52	6.58
	围垦用海	8.94	0.21	0.52	7.79	17.47
	围海养殖	110.22	46.83	110.23	208.44	475.72
	盐田用海	397.45	57.10	67.65	66.03	588.24
	其他用海	40.96	55.89	29.33	96.72	222.90
	合计	615.40	404.89	412.94	735.55	2168.80

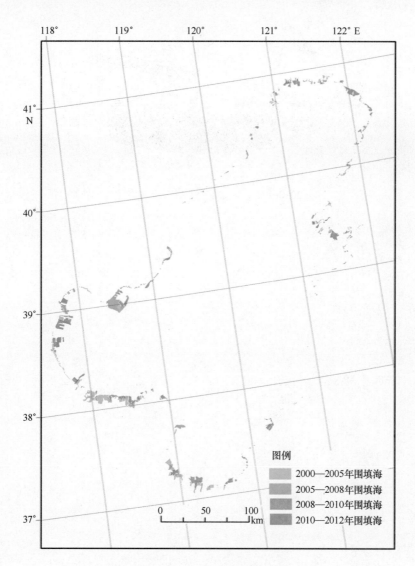

图 3.3　2000—2012 年渤海围填海空间分布

3.2.2　渤海围填海动态分析

2000—2012 年渤海累计围填海面积 2 168.80 km²，年均 180.73 km²。2000—2012 年围填海面积累计山东省最大，为 866.78 km²，比例为 39.97%；其次为辽宁省，面积为 546.01 km²，比例为 25.17%；再次为河北省，面积为 412.90 km²，比例为 19.04%；天津市围填海面积最少，为 343.12 km²，比例为 15.82%（图 3.4）。

渤海围填海速度呈上升趋势：2000—2005 年渤海围填海面积 615.41 km²，年均 123.08 km²；2005—2008 年渤海围填海面积 404.90 km²，年均 134.97 km²；2008—2010 年渤海围填海面积 412.94 km²，年均 206.47 km²；2010—2012 年渤海围填海面积

735.55 km², 年均 367.78 km²。

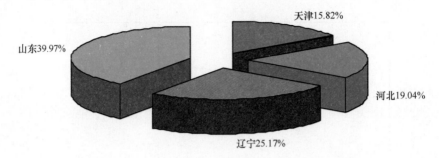

图 3.4 2000—2012 年 "三省一市" 围填海分布比例

从 2000—2012 年 "三省一市" 围填海速度来看，2000—2005 年山东省围填海速度最快，年均 83.74 km²；2005—2008 年河北省围填海速度最快，年均 68.50 km²；2008—2010 年和 2010—2012 年辽宁省围填海速度最快，年均 70.62 km²、117.87 km²（图 3.5）。

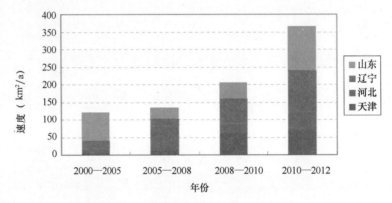

图 3.5 2000—2012 年渤海围填海速度变化

港口建设用海、盐田用海、围海养殖用海是渤海的主要围填海类型，三者合计占渤海累计围填海总面积的 88.61%。2000—2012 年港口建设累计用海面积 857.89 km²，比例为 39.56%；盐田用海累计用海面积 588.24 km²，比例为 27.12%；围海养殖累计用海面积 475.72 km²，比例为 21.93%；其他用海累计用海面积 222.90 km²，比例为 10.28%。2000—2012 年城镇建设用海和围垦用海在渤海区域数量极少，面积合计 24.05 km²，占渤海围填海总面积的 1.11%（图 3.6）。

主要用海类型在 "三省一市" 的分布情况如图 3.7 所示。

从 2000—2012 年 "三省一市" 主要围填海类型分布看，港口建设用海在河北省分布面积最多，为 323.05 km²；其次为天津市，面积为 272.25 km²；再次为辽宁省和山东省，面积分别为 156.45 km²、106.14 km²。

围海养殖用海在辽宁省分布面积最多，达 294.87 km²；其次为山东省和河北省，

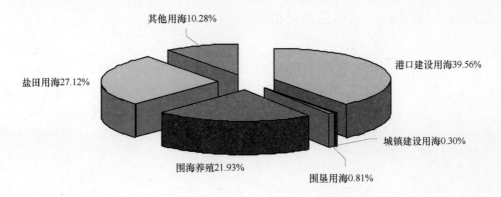

图 3.6　2000—2012 年渤海围填海类型及比例

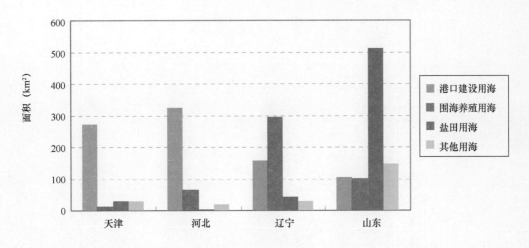

图 3.7　2000—2012 年主要围填海类型在"三省一市"的分布

面积分别为 101.18 km^2、66.94 km^2；围海养殖在天津市分布面积最少，为 12.73 km^2。

盐田用海在山东省分布面积最多，达 511.87 km^2；其次为辽宁省，面积为 42.92 km^2；再次为天津市和河北省，面积分别为 29.21 km^2、4.24 km^2。

其他用海在山东省分布面积最多，达 147.58 km^2；其次为辽宁省，面积为 28.64 km^2；再次为天津市和河北省，面积分别为 28.55 km^2 和 18.12 km^2。其他用海以处于在建状态、在遥感影像上尚不能判明其用途的围填海类型为主。

3.3 "三省一市"围填海时空特征分析

利用遥感与 GIS 技术，完成了辽宁省、山东省、河北省和天津市 2000—2005 年、2005—2008 年、2008—2010 年、2010—2012 年围填海类型、分布及其变化状况的监测。

3.3.1 辽宁省围填海遥感监测分析

2000—2012 年辽宁省围填海活动主要集中在辽东湾、长兴岛沿海附近（图 3.8）。2000—2012 年辽宁省围填海面积总计 546.01 km²，年均 45.50 km²。2000—2005 年围填海面积为 108.49 km²，年均 21.70 km²；2005—2008 年围填海活动有所减缓，为 60.55 km²，年均 20.18 km²；2008—2010 年辽宁省围填海活动加速，围填海面积为 141.24 km²，年均 70.62 km²；2010—2012 年辽宁省围填海活动继续加速，围填海面积为 235.74 km²，年均 117.87 km²。

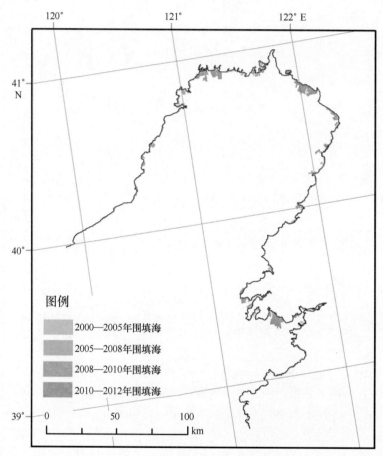

图 3.8　辽宁省 2000—2012 年围填海分布

围海养殖、港口建设用海是辽宁省最主要的围填海类型，二者合计占辽宁省围填海总面积的 82.66%，其中，2000—2012 年围海养殖累计用海面积 294.87 km²，比例为 54.01%；港口建设用海累计用海面积 156.45 km²，比例为 28.65%。此外，盐田用海累计用海面积 42.92 km²，比例为 7.86%；其他用海累计用海面积 28.64 km²，比例为 5.25%。2000—2012 年城镇建设用海和围垦用海在辽宁省相对较少，面积合计 23.12 km²，占围填海总面积的 4.23%（图 3.9）。

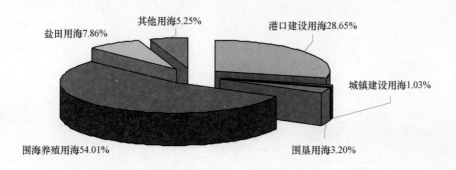

图 3.9　2000—2012 年辽宁省围填海类型及比例

3.3.2　山东省围填海遥感监测分析

2000—2012 年山东省围填海活动主要集中在滨州沿海、莱州湾南部和龙口湾沿海（图 3.10）。2000—2012 年山东省围填海面积总计 866.78 km²，年均 72.23 km²。2000—2005 年围填海面积为 418.72 km²，年均 83.74 km²；2005—2008 年围填海活动减速，为 96.75 km²，年均 32.25 km²；2008—2010 年山东省围填海活动开始加速，围填海面积为 94.79 km²，年均 47.40 km²；2010—2012 年山东省围填海面积突增，围填海面积为 256.52 km²，年均 128.26 km²。

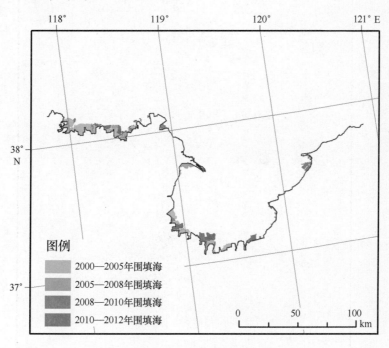

图 3.10　山东省 2000—2012 年围填海分布

盐田用海是山东省最主要的围填海类型，占山东省围填海总面积的 59.06%。其他用海面积累计 147.58 km²，比例为 17.03%；2000—2012 年港口建设用海面积 106.14 km²，比例为 12.24%；围海养殖用海累计用海面积 101.18 km²，比例为 11.67%。2000—2012 年城镇建设用海和围垦用海在山东省忽略不计（图 3.11）。

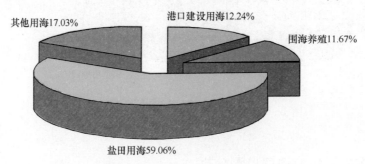

图 3.11 2000—2012 年山东省围填海类型及比例

3.3.3 河北省围填海遥感监测分析

2000—2012 年河北省围填海活动主要集中在曹妃甸以及沧州渤海新区附近（图 3.12）。

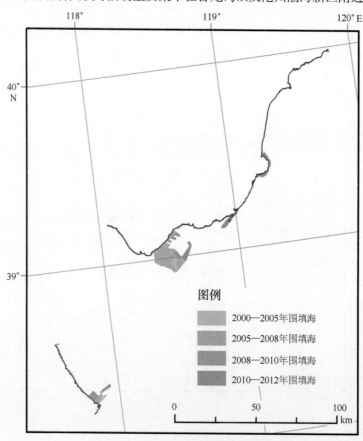

图 3.12 2000—2012 年河北省围填海分布

2000—2012 年河北省围填海面积总计 412.90 km², 年均 34.41 km²。2000—2005 年围填海面积为 53.60 km², 年均 10.72 km²；2005—2008 年河北围填海活动最剧烈的时期, 总围填海面积达到 205.49 km², 年均 68.50 km²；2008—2010 年河北省围填海活动放缓, 围填海面积为 52.27 km², 年均 26.14 km²；2010—2012 年河北省围填海面积回升, 围填海面积为 101.55 km², 年均 50.77 km²。

港口建设用海在河北省的围填海类型中占有绝对优势, 2000—2012 年港口建设用海面积总计 323.65 km², 占河北省围填海总面积的 78.24%。围海养殖用海面积总计 66.94 km², 占 16.21%。其他用海面积总计 18.12 km², 占 4.39%。盐田用海面积总计 42.92 km², 占 1.03%。2000—2012 年城镇建设用海数量极少, 面积为 0.55 km², 占围填海总面积的 0.13%。无围垦用海类型。图 3.13 为 2000—2012 年河北省围填海类型及比例。

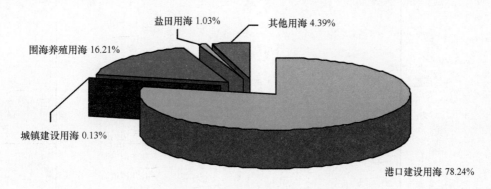

图 3.13　2000—2012 年河北省围填海类型及比例

3.3.4　天津市围填海遥感监测分析

天津港及滨海新区建设是天津市的主要用海工程。2008—2010 年、2010—2012 年是天津市围填海活动最剧烈的两个时期, 围填海面积分别为 124.63 km²、141.75 km², 速度分别为 62.32 km²/a、70.874 km²/a。2000—2005 年、2005—2008 年天津围填海活动相对缓慢, 围填海面积分别为 34.61 km²、42.12 km², 速度分别为 6.92 km²/a、14.04 km²/a。图 3.14 所示为 2000—2012 年天津市围填海分布。

与河北省围填海状况类似, 港口建设用海在天津市的围填海类型中占有绝对优势, 2000—2012 年港口建设用海面积累计 272.25 km², 占天津市围填海总面积的 79.35%。盐田用海面积总计 29.21 km², 比例为 8.51%。其他用海面积总计 28.55 km², 比例为 8.32%。围海养殖用海面积总计 12.73 km², 比例为 3.71%。2000—2012 年城镇建设用海数量极少, 面积为 0.37 km², 占围填海总面积的 0.11%。无围垦用海类型。图 3.15 所示为 2000—2012 年天津市围填海类型及比例。

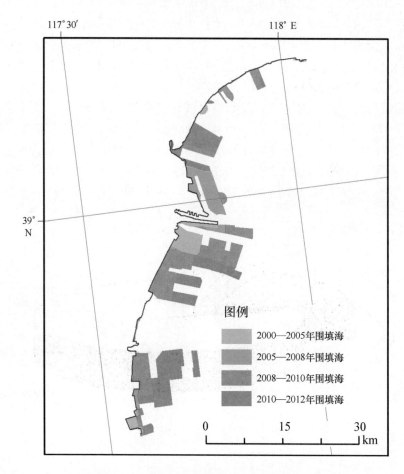

图 3.14 2000—2012 年天津市围填海分布

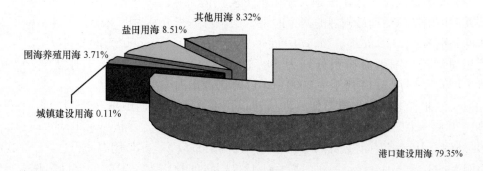

图 3.15 2000—2012 年天津市围填海类型及比例

3.4　渤海集约用海区围填海变化

3.4.1　辽西锦州湾沿海经济区

辽西锦州湾沿海经济区区域建设用海规划，2008 年，规划区内总填海面积为 7.63 km²；2010 年填海面积增加到 17.77 km²；2011 年规划区内填海面积增加到 35.05 km²；2012 年规划区内填海面积达到 38.92 km²。辽西锦州湾沿海经济区围填海变化情况见表 3.3、图 3.16。

表 3.3　锦州湾沿海经济区围填海变化　　　　　　　　　　　单位：km²

年份	2008	2010	2011	2012
围填海面积	7.63	17.77	35.05	38.92

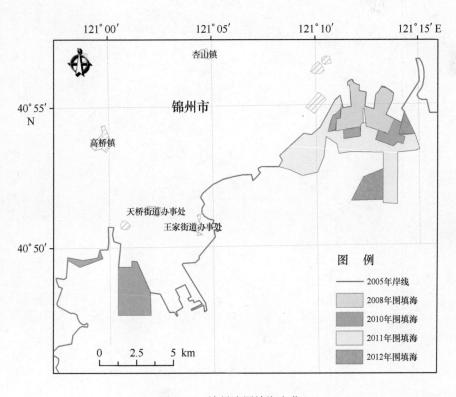

图 3.16　锦州湾围填海变化

3.4.2 辽宁营口鲅鱼圈临海工业区

辽宁营口鲅鱼圈临海工业区区域建设用海规划，2008 年，规划区内围填海面积共 5.55 km²；2010 年，规划区内围填海面积增加到 12.7 km²；2011 年，规划区内围填海面积增加到 17.44 km²；2012 年，规划范围内围填海面积总和为 22.39 km²。辽宁营口鲅鱼圈临海工业区围填海变化情况见表 3.4、图 3.17。

表 3.4 营口鲅鱼圈临海工业区围填海变化   单位：km²

年份	2008	2010	2011	2012
围填海面积	5.55	12.7	17.44	22.39

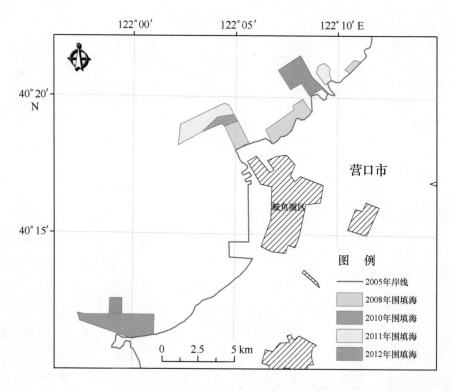

图 3.17 营口围填海变化

3.4.3 辽宁长兴岛临港工业区

辽宁长兴岛临港工业区区域建设用海规划，2008 年，规划区共形成围填海 5.66 km²；2010 年，规划区内围填海面积增加到 6.62 km²；2011 年，规划区内形成围填海面积 16.43 km²；2012 年，规划范围内形成围填海面积共 32.31 km²。辽宁长兴岛临港工业区围填海变化情况见表 3.5、图 3.18。

表 3.5　长兴岛临港工业区围填海变化　　　　　　　　　　　单位：km²

年份	2008	2010	2011	2012
围填海面积	5.66	6.62	16.43	32.31

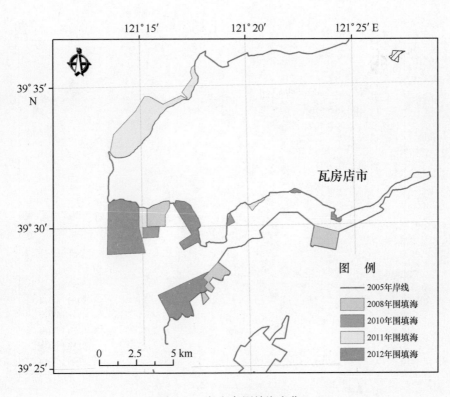

图 3.18　长兴岛围填海变化

3.4.4 河北省曹妃甸循环经济区

河北省曹妃甸循环经济区区域建设用海规划，2008 年，规划区内填海面积为
154.07 km²；2010 年，规划区内填海面积增加到 183.92 km²；2011 年，规划区内填海
面积增加到 199.05 km²；2012 年，规划区内围填海总面积为 223.87 km²。河北省曹妃
甸循环经济区围填海变化情况见表 3.6、图 3.19。

表 3.6　曹妃甸循环经济区围填海变化 单位：km²

年份	2008	2010	2011	2012
围填海面积	154.07	183.92	199.05	223.87

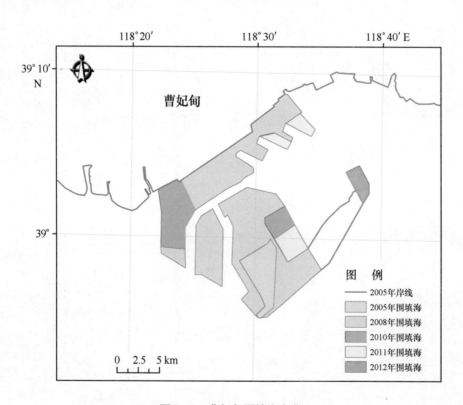

图 3.19　曹妃甸围填海变化

3.4.5 天津滨海新区

天津滨海新区区域建设用海规划，2008 年，规划范围内共形成围填海面积为 31.64 km²；2010 年，规划范围内填海总面积为 133.84 km²；2011 年，规划范围内填海总面积为 192.28 km²；2012 年，规划范围内填海总面积为 227.31 km²。天津滨海新区围填海变化情况见表 3.7、图 3.20。

表 3.7　天津滨海新区围填海变化　　　　　　　　　　　　　　　　　单位：km²

年份	2008	2010	2011	2012
围填海面积	31.64	133.84	192.28	227.31

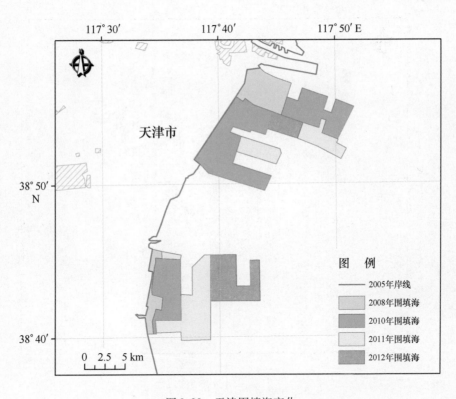

图 3.20　天津围填海变化

3.4.6　沧州渤海新区

沧州渤海新区区域建设用海规划，2010 年，规划范围内围填海面积为 35.85 km^2；2011 年，规划区内围填海面积为 39.32 km^2；2012 年，规划区内围填海面积为 66.68 km^2。沧州渤海新区围填海变化情况见表 3.8、图 3.21。

表 3.8　沧州渤海新区围填海变化　　　　　　　　　　　单位：km^2

年份	2010	2011	2012
围填海面积	35.85	39.32	66.68

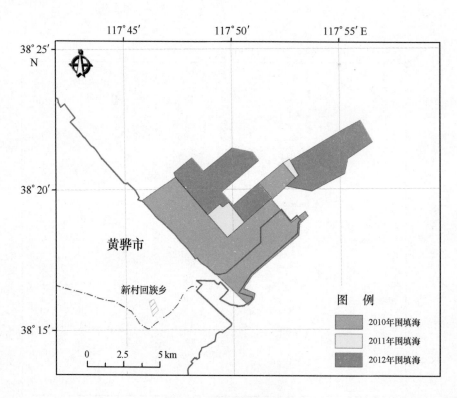

图 3.21　沧州围填海变化

3.4.7 潍坊滨海生态旅游度假区

潍坊滨海生态旅游度假区区域建设用海规划，2010 年和 2011 年，规划区内围填海面积为 0；2012 年，规划区内形成围填海面积 11.63 km²。潍坊滨海生态旅游度假区围填海变化情况见表 3.9、图 3.22。

表 3.9　潍坊滨海生态旅游度假区围填海变化　　　　　　　单位：km²

年份	2010	2011	2012
围填海面积	0	0	11.63

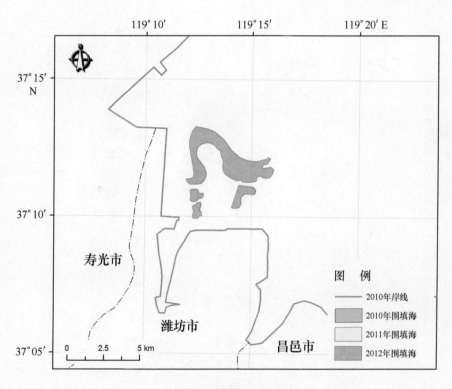

图 3.22　潍坊围填海变化

3.4.8 龙口湾临港高端产业聚集区

龙口湾临港高端产业聚集区区域建设用海规划，2010年没有形成围填海，2011年形成围填海面积为2.26 km²，2012年形成围填海面积为32.33 km²。龙口湾临港高端产业聚集区围填海变化情况见表3.10、图3.23。

表3.10　龙口湾临港高端产业聚集区围填海变化　　　　　　　　单位：km²

年份	2010	2011	2012
围填海面积	0	2.26	32.33

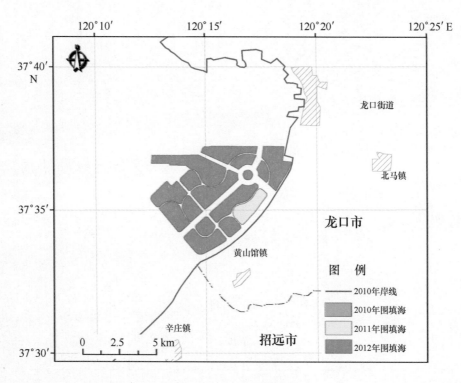

图3.23　龙口围填海变化

3.5　总　结

2000—2012年渤海围填海主要时空特征如下。

（1）2000—2012年渤海围填海面积累计2 168.80 km²，年均180.73 km²。2000—2012年山东省围填海面积最大，比例为39.97%；其次为辽宁省，比例为25.18%；再次为河北省，比例为19.04%；天津市围填海面积最少，比例为15.82%。

（2）2000—2012 年渤海围填海速度呈上升趋势。2000—2005 年渤海围填海速度为123.08 km²/a；2010—2012 年，渤海围填海速度增至 367.78 km²/a。

（3）港口建设用海、盐田用海、围海养殖是渤海的主要围填海类型，三者合计占渤海累计围填海总面积的 88.61%。

（4）围海养殖、港口建设用海是辽宁省最主要的围填海类型，二者合计占辽宁省围填海总面积的 82.66%。盐田用海是山东省最主要的围填海类型，占山东省围填海总面积的 59.05%。港口建设用海在天津市和河北省的围填海类型中占有绝对优势，分别占天津市与河北省围填海总面积的 79.35%、78.24%。

4 区域用海海域使用及结构布局

4.1 辽宁省海域使用及结构布局

4.1.1 海域使用空间资源概况

4.1.1.1 海岸线

辽宁省有基岩质海岸、砂砾质海岸和淤泥质海岸三种主体海岸类型（图4.1）。根据最新的辽宁省海岸线修测成果，辽宁省大陆海岸线全长 2 110 km，其中渤海岸段长 1 235 km，黄海岸段长 875 km。其中，在大陆海岸线中，基岩质海岸为 452 km、砂砾质海岸为 694 km、淤泥质海岸为 964 km，分别占全省大陆海岸线的 21.4%、32.9% 和 45.7%。

图4.1 辽宁省海岸类型分布

（1）基岩质海岸

辽宁省基岩质海岸集中分布在辽东半岛南端东西两侧，以深水良湾为其主要优势。在渤海区，辽西葫芦岛、长山寺以及海洋岛等亦有零星分布。辽宁省基岩质海岸分布见图4.2。全省有近20处大小海湾，其环境特点为海洋开发提供功能保证。

该类海岸发育众多口小腹大深水逼岸的内湾，潮流强，入湾径流少，不冻不淤，且岬湾相间，形成半封闭的水域，可满足相应尺寸船舶进出，是开发大、中优良港址的首选。基岩港湾海岸大多是辐聚式高能海岸，形成怪异多姿、高大悬垂的海滨高地景观，以及岩礁风光、海岛渔家、岩洞石林等地貌美学效果，是珍贵的旅游资源。此外，一些基岩海岸的浅水域，营养水平、初级生产力、海况条件良好，可满足藻类、贝类、鱼类、筏养、箱养、底播的增养殖需求，是建立辽宁省海洋牧场的重要基地。

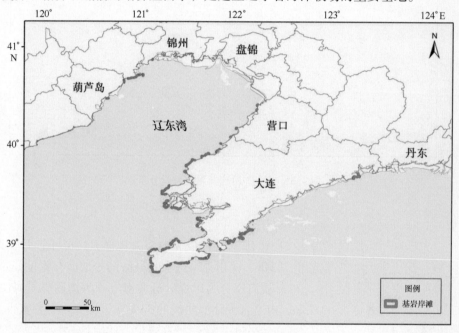

图4.2　辽宁省基岩质海岸分布

（2）淤泥质海岸

辽宁省淤泥质海岸全长964 km，占全省大陆海岸线的45.7%，高出全国淤泥质海岸占全国大陆海岸线24%的比例。全省淤泥质海岸由平原淤泥质海岸和岬湾淤泥质海岸组成。渤海区内，前者在盖州西崴子至锦州小凌河最为集中；后者在石河、瓦房店、兴城曹庄等地发育。辽宁省粉砂淤泥质海岸分布见图4.3。

辽宁大部分淤泥质海岸的现代过程处于加积扩展之势。以辽东为例，潮滩现代沉积速率为5~10 cm/a，岸线推进值50~60 m/a；20世纪80年代有人推算，辽河口一带每年可促淤造陆4 000亩。淤泥潮滩作为后续土地储备将提供珍贵的土地资源。以淤泥潮滩生境条件和现代开发为依据，以海拔高程-2~1 m的中、低潮滩建立贝类养殖基地；2~3 m的河口区或沟汊湿地作为芦苇栽植区；高程3 m以上的潮上带建立水稻种植区。

辽东湾具有良好的储油构造,作为海、陆地质构造彼此衔接对应的辽河坳陷,对处于中间过渡位置的淤泥潮滩而言,将会随普查和勘探水平的提高有望发现新的油气资源。

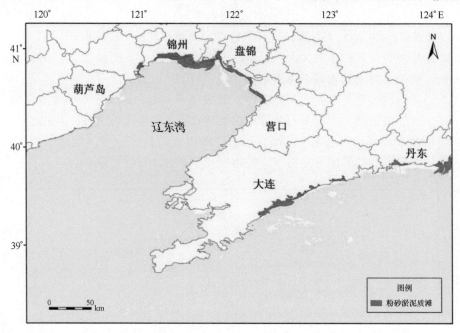

图4.3　辽宁省粉砂淤泥质海岸分布

（3）砂砾质海岸

辽宁省砂砾质海岸以熊岳、绥中砂砾岸发育最为典型,规模大,分布连片,此外,渤海区内,瓦房店太平湾、盖州、归州、锦州孙家湾、兴城海滨等地亦有零星分布。辽宁省砂砾质海岸分布见图4.4。砂砾质海岸分为岸堤砂砾质海岸和岬湾砂砾质海岸。全省砂砾质海岸分布长度近694 km,占全省大陆海岸线的33%。该类海岸发育宽大海滩,多条岸堤不仅组成陆地天然堤防,又兼有海岸美学景观价值。质地松软,砂砾纯净,可成为开发海水浴场的首选之地。众多沙坝—潟湖水域平稳处可开发小型渔港;部分细颗粒海滩可辟盐田、虾池等。多数近河口处砂砾滩,可选作适宜增殖的文蛤、蛤仔、杂蛤等养殖基地。

4.1.1.2　海域

根据相关文献资料①,辽宁省海域面积为34 990 km²,仅为全省陆域面积的1/4。其中渤海11 184 km²,占全省海域面积的32%;黄海23 806 km²,占全省海域面积的68%。大连水域面积居首（占全省的78%）,葫芦岛居次（8%）,以下依次为丹东、营口、锦州、盘锦。10～50 m适宜筏养（箱养）的水深面积以大连、葫芦岛分布最大,约占两地水域的60%～70%。0～5 m便于底播增殖的则以锦州、盘锦、营口、丹东所

---

① 数据引自辽宁省海洋与渔业发展规划。

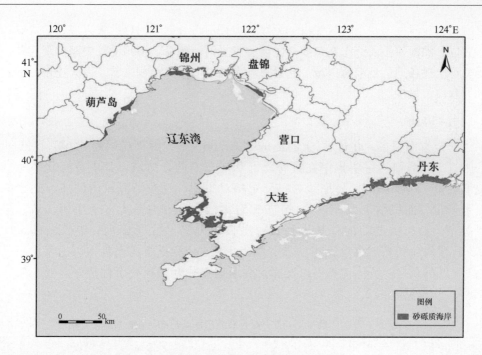

图 4.4 辽宁省砂砾质海岸分布

占比例高，为 30%～70%。从港口、航运业对水深要求看，大连市辖区水域深水条件居首，次为葫芦岛市。各沿海市水深面积分布如表 4.1 所示。

表 4.1 辽宁省各沿海市水深面积分布 单位：km²

水深 （m）	葫芦岛		锦州		盘锦		营口		大连		丹东		合计	
	面积	%	面积	%	面积	%	面积	%	面积	%	面积	%	面积	%
<0	135.6	4.5	375.4	30.5	380.3	31.2	102	9.63	1 129.6	3.9	531.3	30.3	2 654.1	7.1
0～2	88.9	2.9	118.3	9.6	275.2	22.6	105.9	10.00	513.3	1.6	163.7	9.3	1 265.3	3.4
2～5	219.6	7.3	308.9	25.1	376.2	30.9	224.9	21.24	972.5	3.3	215.2	12.3	2 317.3	6.2
5～10	608.3	20.2	413.8	33.6	136.7	11.2	389.2	36.75	1 599.8	5.5	327.1	18.7	3 474.9	9.2
10～20	1 796.6	59.7	14.9	1.2	50.2	4.1	235.4	22.23	3 286.4	11.2	517	29.5	5 900.5	15.7
20～50	159.6	5.3					1.6	0.15	13 802.8	47.0			13 964	37.1
>50									8 068.6	27.5			8 068.6	21.4
小计	3 008.6	100.0	1 231.3	100.0	1 218.6	100.0	1 059	100.0	29 373	100.0	1 754.3	100.0	37 644.7	100.0

注：表中空格表示没有本水深范围数据。

4.1.1.3 滩涂

辽宁省滩涂总面积为 2 107.12 km²，主要分布在辽河、双台河、大凌河、小凌河入海口两侧、普兰店湾、长兴岛四周、东港及庄河等区域。滩涂类型包括泥滩、泥沙滩和沙滩,其中泥滩主要位于鸭绿江口、大洋口、辽河口、双台河口、大凌河口的两侧边滩的高潮位,泥沙滩主要分布在东港、庄河、赞子河、凌海、锦州湾等中潮位附近,沙滩主要位于上述各地的低潮位区域。从沿海各市拥有的滩涂面积来看,以大连市滩涂面积最大,营口市最少。

4.1.1.4 海岛

辽宁全省面积在 500 m² 以上的岛屿共有 266 个[①],海岛岸线总长 627.6 km。从分布上看,全省海岛主要集中在黄海北部和辽东湾两个海域,其中黄海北部海域内的岛屿数量多,面积大,岛岸线长,分布相对集中;辽东湾海域内的岛屿则正好相反,数量少,面积小,岛岸线短,分布相对零散。全省海岛大多呈组团、岛簇形式连片分布,如长山群岛的外长山列岛、里长山列岛(大长山岛、小长山岛、广鹿岛)、石城列岛(石城岛、大王家岛、小王家岛)、菊花岛(磨盘山、杨家山、张家山等)。岛群众多、群体优势得以发挥,利于据点式开发,整合性能好。辽宁省各沿海市岛屿分布见表 4.2。

表4.2　辽宁省各沿海市岛屿分布　　　　　　　　　　　　单位:km²

面积(km²)	丹东	大连	营口	盘锦	锦州	葫芦岛
>30		3				
30~20		3				
20~10		2				1
10~5		2				
5~1	2	16				
1~0.1	1	39			1	4
0.1~0.01	14	81			1	
0.01~0.001	14	123			1	6
0.001~0.0001	2	70				8
<0.0001	1	5				
小计:个数	34	344			3	19
小计:面积(km²)	6.10	482.91			0.18	12.25
占全省(%)	1.22	96.3			0.04	2.44

注:数据引自 1990 年辽宁省海岛资源综合调查成果。

4.1.2　海域使用状况综述

据"我国近海海洋综合调查与评价专项"辽宁省海域使用现状调查统计,辽宁省各类型用海共计 18 004 宗,用海总面积为 442 311.19 hm²,其中确权用海有 16 607 宗;土地证确权的用海共 11 宗,经核查,未确权用海有 833 宗(表 4.3)。为了使调查结果与全省统计单位一致,表 4.3 在统计的时候是按照证书进行统计。全省海域使用用海类型包括渔

---

　① 数据引自 1990 年辽宁省海岛资源综合调查结果。

表 4.3　辽宁省用海数量及面积统计

序号	一级用海类型	二级用海类型	确权 海域证确权 个证	面积(hm²)	确权 土地证确权 宗	面积(hm²)	未确权 无证 宗	面积(hm²)	未确权 养殖证 宗	面积(hm²)	总计 宗	面积(hm²)
1	渔业用海	围海养殖	2 160	36 233.37	0	0	425	9 950.89	531	7 273.93	3 116	53 458.19
		底播养殖	1 340	216 599.65	0	0	73	32 540.63	14	847.67	1 427	249 987.95
		设施养殖	5 781	35 195.13	0	0	222	940.22	0	0	6 003	36 135.35
		底播养殖,围海养殖	4	11.84	0	0					4	11.84
		设施养殖,底播养殖	74	13 542.5	0	0					74	13 542.50
		工厂化养殖	2	58.25	0	0	0	0.00	8	13.44	10	71.69
		渔港	52	411.64	0	0	37	257.18	0	0	89	668.82
		渔船修造	9	81.85	0	0	0	0	0	0	9	81.85
		港池	33	1 435.11	0	0	0	0	0	0	33	1435.11
2	交通用海	港口工程	9	748.79	0	0	0	0	0	0	9	748.79
		航道	6	870.18	0	0	15	7 614.66	0	0	21	8484.84
		锚地	6	440.38	0	0	4	18 678.90	0	0	10	19119.28
		港池,港口工程,航道	1	18.24	0	0					1	18.24
3	工矿用海	临海工业用海	8	155.94	0	0	0	0	0	0	8	155.94
		盐业用海	138	11 650.57	11	19 981.22	36	16 829.05	0	0	185	48 460.84
		油气开采	6	5.32	0	0	0	0	0	0	6	5.32
		固体矿产开采用海					3	1 603.81			3	1 603.81

续表

序号	一级用海类型	二级用海类型	确权				未确权				总计	
			海域证确权		土地证确权		无证		养殖证			
			个证	面积(hm²)	宗	面积(hm²)	宗	面积(hm²)	宗	面积(hm²)	宗	面积(hm²)
4	旅游娱乐用海	海水浴场	17	671.55	0	0	7	317.08	0	0	24	988.63
		旅游基础设施用海	18	341.72	0	0	2	0.26	0	0	20	341.98
		海上娱乐用海	5	49.90	0	0	0	0	0	0	5	49.90
5	海底工程用海	电缆管道用海	3	52.17	0	0	6	99.17	0	0	9	151.34
6	排污倾倒用海	污水排放用海	2	128.02	0	0	1	23.64	0	0	3	151.66
		废物倾倒用海	0	0	0	0	2	1 319.18	0	0	2	1 319.18
7	围海造地用海	港口建设用海	82	2 981.56	0	0	0	0	0	0	82	2 981.56
		城镇建设用海	50	1 927.85	0	0	0	0	0	0	50	1 927.85
		围垦用海	2	0.18	0	0	0	0	0	0	2	0.18
8	特殊用海	科研教学用海	5	408.54	0	0	0	0	0	0	5	408.54
9	其他用海	其他用海	1	0.01	0	0	0	0	0	0	1	0.01
	合计		9 814	324 020.26	11	19 981.22	833	90 174.67	553	8 135.04	11 211	442 311.19

注：本表的宗是按照海域使用权证书进行统计。

业用海、交通用海、工矿用海、旅游娱乐用海、海底工程用海、排污倾倒用海、围海造地用海、特殊用海和其他用海共9个大类。由图4.5可以看出，各类型用海中以渔业用海类型为主，其面积占总面积的80.025%；其次为工矿用海，占全省用海总面积的11.355%；交通运输用海占总面积的6.739%，其他所有用海类型所占比例为1.881%。

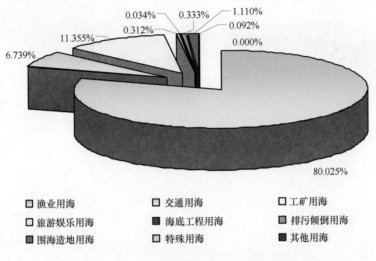

图4.5　辽宁省各类型用海面积所占比例

辽宁省2002年以前审批用海计153个证，2002—2008年计9 661个证，自2002年审批用海数量和面积呈上升趋势（图4.6）。各年度确权用海数量及面积统计见表4.4。辽宁省海域使用现状见图4.7。

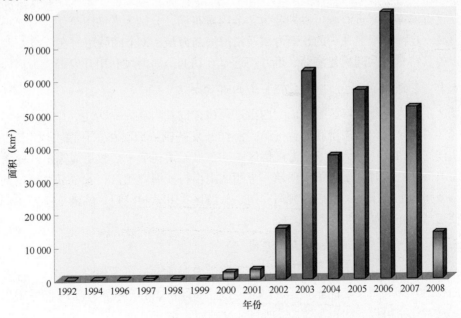

图4.6　辽宁省各年度审批用海面积情况

表4.4　辽宁省各年度确权用海数量及面积统计

审批机关		各县市区批		地级市批		辽宁省批		合计	
		数量（个证）	面积（hm²）	数量（个证）	面积（hm²）	数量（个证）	面积（hm²）	数量（个证）	面积（hm²）
2002年《中华人民共和国海域使用管理法》实施前	1992	1	3.34	0	0.00	0	0.00	1	3.34
	1994	1	14.94	0	0.00	0	0.00	1	14.94
	1996	1	1.62	0	0.00	0	0.00	1	1.62
	1997	5	252.03	13	107.24	1	0.67	19	359.94
	1998	16	243.68	17	131.46	0	0.00	33	375.14
	1999	10	294.15	6	36.93	1	120.10	17	451.18
	2000	20	604.49	9	1 363.25	1	191.1	30	2 158.84
	2001	31	1 771.27	16	894.99	4	314.47	51	2 980.73
	小计	85	3 185.52	61	2 533.87	7	626.34	153	6 345.73
2002年《中华人民共和国海域使用管理法》实施后	2002	233	7 710.61	22	7 522.46	0	0.00	255	15 233.07
	2003	736	53 416.66	32	8 834.82	6	187.99	774	62 439.47
	2004	1 464	23 521.84	53	12 747.59	16	834.71	1 533	37 104.14
	2005	2 437	48 922.59	39	5 114.81	67	2 568.29	2 543	56 605.69
	2006	2 863	70 837.11	33	8 078.48	27	894.27	2 923	79 809.86
	2007	1 117	50 583.24	9	320.42	11	652.46	1 137	51 556.12
	小计	8 850	254 992.05	188	42 618.58	127	5 137.72	9 165	302 748.35
2008年	2008	495	13 820.46	0	0.00	1	4.29	496	13 824.75
合计		9 431	271 998.03	249	45 152.45	135	5 768.35	9 814	322 918.83

4.1.3　海域使用结构布局

根据辽宁环渤海的自然条件、资源开发利用现状、区域经济发展的辐射和带动作用，辽宁省海岸及邻近海域可以划分为3个用海布局，分别为老铁山至辽河的辽东半岛西部海域、辽河口至老龙头的辽西海域及沿海海岛海域。3个区域用海在海域开发利用过程中各具特色，共同构建海岛、近海、近岸互动的沿海海域利用开发带。

4.1.3.1　老铁山至辽河口的辽东半岛西部海域

该区东起大连旅顺口区老铁山，西至辽河口，以基岩质海岸为主，岸线长744 km。优势海洋资源是港口、旅游和渔业资源。海洋开发基础一般。从东往西可以分为8段：①羊头洼湾港口区；②大黑石旅游度假区；③营城子桑树底—后牧后海军事区；④夏家河子海滨浴场；⑤甘井子区革镇堡镇—金州区南山村浅海养殖区；⑥金渤海岸旅游度假区；⑦金州区七顶山—瓦房店浮渡河养殖、旅游区；⑧营口港口、临港工业区。该海域用海使用结构布局如图4.8所示。

4.1.3.2　辽河口至老龙头的辽西海域

该区从辽河口到绥中以西的老龙头，主要为淤泥质和砂砾质海岸，岸线长492 km，滩涂面积约85 083 hm²。优势海洋资源是港口、油气田、养殖和湿地资源。海洋开发基础弱。从东往西可以分为以下8段，如图4.9所示。

（1）辽河口—大凌河口，用海布局整体上表现为"四点两线三面"。"四点"：指

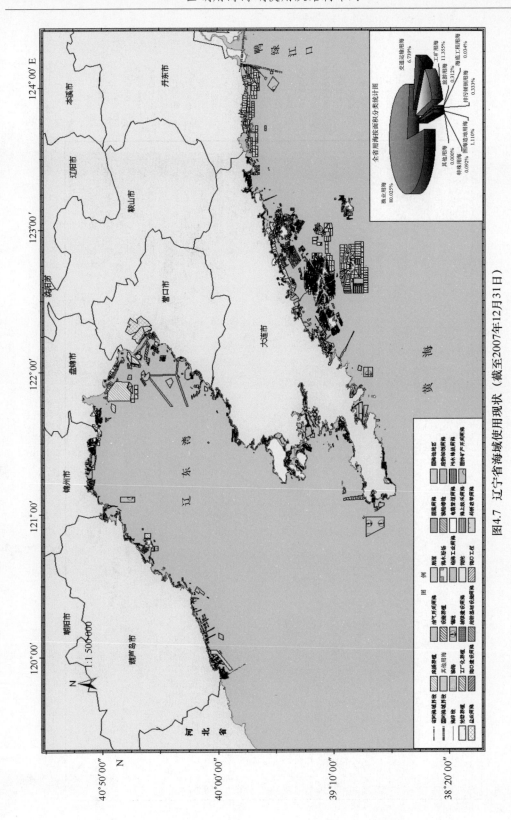

图4.7 辽宁省海域使用现状（截至2007年12月31日）

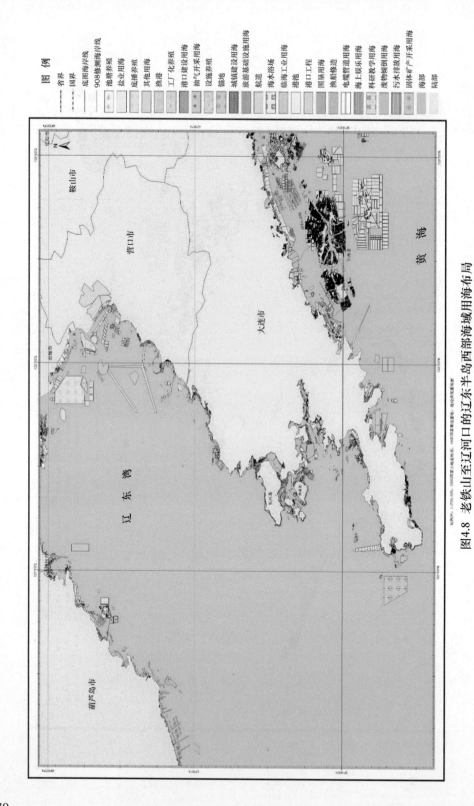

图4.8 老铁山至辽河口的辽东半岛西部海域用海布局

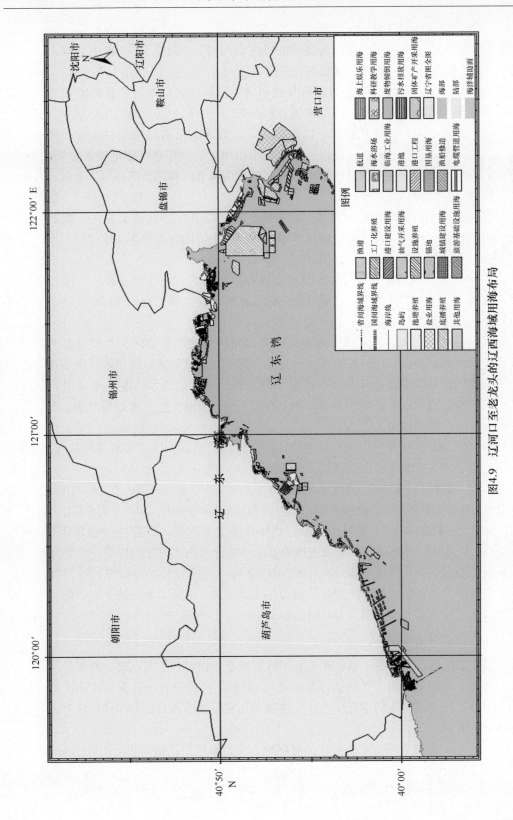

图4.9 辽河口至老龙头的辽西海域用海布局

的是位于双台河口东侧的盐业用海、双台河入海口正南 20 km 以外海域的油气开采用海、二界沟附近的渔港用海和辽河口的港口建设用海。"两线"：指盘山县双台河口至辽河口之间的围海养殖用海和底播养殖用海，呈带状沿海岸线分布。"三面"：指大凌河口至双台河口之间的滩涂上的围海养殖用海、盘锦辽河口附近的盘锦港和辽东湾顶端、双台子河入海处附近海域的国家级自然保护区——双台河口湿地生态保护区。

（2）大凌河口—笔架山西部，以锦州开发区的王家街道后海山村为界，往东一直到大凌河口，表现为底播养殖用海、围海养殖用海、盐业用海及渔港交叉分布的格局；往西的用海则表现为相对独立的结构布局，笔架山风景区和锦州湾西海工业区，养殖用海主要分布在老河口入海口处。

（3）锦州湾以西、连山湾以北，拥有葫芦岛经济开发区北港工业区，规划区域东起打渔山，西至柳条沟港区，沿锦州湾带状布局，主要用海类型为城镇建设用海，也有部分围海养殖和底播养殖分布其中。

（4）兴城河至菊花岛南部附近海域，拥有双树东窑、菊花岛、曹庄、沙后所海滨乡等养殖区，主要用海类型为底播养殖用海。此外，在兴城滨海旅游区和菊花岛旅游区也有旅游用海类型分布。

（5）绥中县石河以西海域，拥有芷锚湾养殖区和滨海旅游区，养殖用海尤其是浮筏养殖用海面积很大，还分布有芷锚湾浴场、碣石旅游度假区、绥中电厂浴场等旅游用海；该地区也是绥中经济开发区，是绥中港及其航道、锚地和临港工业的主要分布区域，分布有芷锚湾渔港、绥中港池、361 航道、361 锚地、电厂锚地及航道、361 排污区和电厂排污区等用海。

（6）绥中原生砂质海岸及海洋生物多样性县级自然保护区，区划范围东起六股河，西至省界老龙头，北至沈山铁路线，南至海域 20 m 等深线。

（7）"线状"分布结构，主要表现为绥中县航道用海，而每两条航道之间的用海又呈面状分布，主要为养殖用海；此外养殖用海类型线状结构也很突出，基本上顺着海岸线的延伸方向呈东北—西南向分布，表现在兴城市六股河口东北至葫芦岛市望海寺旅游区西南。

（8）"点状"分布结构，主要表现为渔港、排污倾倒用海、固体矿产开采用海、旅游用海等类型，其中渔港主要分布在沿岸 0～2 m 线内，以绥中县最多；排污倾倒用海位于在绥中县高龄镇，固体矿产开采用海位于绥中县六股河口和三道干海砂限采区，旅游用海主要位于葫芦岛市望海寺旅游区。

4.1.3.3 沿海海岛海域

辽宁省沿海海岛资源丰富，开发利用较好的有长山群岛、菊花岛、长兴岛、石城列岛、蛇岛、大小笔架山等（包括环岛海域），根据其区位条件、资源条件和社会经济发展的不同，用海结构布局也有所差异。这些海岛充分发挥各自的海洋区位优势，其中渤海区域的有：

（1）长兴岛以发展临港工业和滨海旅游为主，海域使用结构如图 4.10 所示。

（2）大小笔架山以开发海岛旅游为主。

（3）菊花岛主要以发展海洋水产、海岛旅游业为主，海域使用结构如图 4.11 所示。

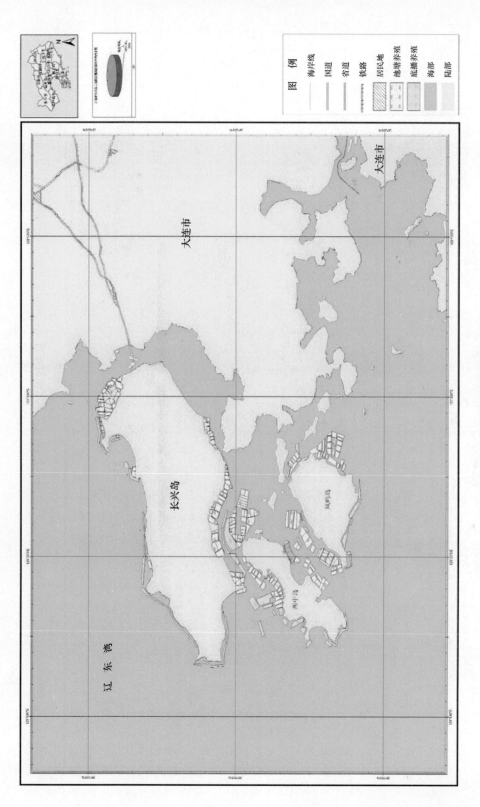

图4.10 长兴岛海域使用布局

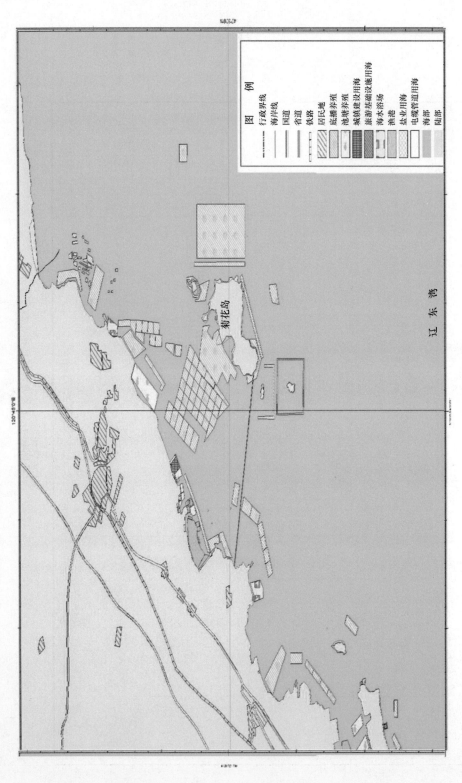

图4.11 菊花岛海域使用布局

4.2 河北省海域使用及结构布局

4.2.1 海域使用空间资源概况

　　河北省海域隔天津分为南北两部分，北部海域自冀辽海域界线，西南至津冀海域北界线；南部海域北起津冀海域南界线，南至冀鲁海域（协调）界线。沿海行政区包括秦皇岛、唐山和沧州 3 市的 7 县（抚宁、昌黎、乐亭、滦南、唐海、黄骅、海兴）、4 区（山海关区、海港区、北戴河区、丰南区）及唐港开发区、渤海新区（图 4.12）。

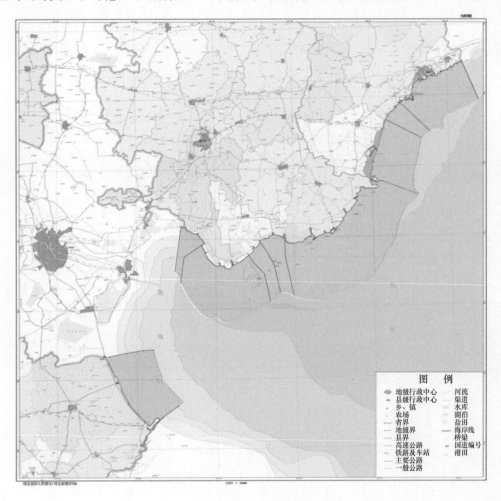

图 4.12 河北省海域

　　海域空间资源由海岸线资源、滩涂（潮间带）资源、浅海资源和海岛资源构成。河北省大陆岸线全长 484.85 km；滩涂 942.10 km²；浅海 5 607.55 km²；海岛 70 个，陆域面积 21.17 km²，岸线长 165.32 km。

4.2.1.1 海岸线资源

根据河北省海洋研究院2009年编制的河北省海域使用现状调查研究报告，河北省海岸线总长度为484.85 km。其中，秦皇岛市162.67 km，占岸线总长度的33.55%；唐山市229.72 km，占岸线总长度的47.38%；沧州市92.46 km，占岸线总长度的19.07%。按照岸线类型划分，自然岸线86.87 km，人工岸线393.47 km，河口岸线4.52 km（表4.5、表4.6）。

表4.5　河北省海岸线类型长度统计　　　　　　　　　　　　单位：km

岸线类型		岸线长度
自然岸线	基岩岸线	33.59
	砂质岸线	38.96
	粉砂淤泥质岸线	14.32
	小计	86.87
人工岸线	堤、坝	364.22
	桥	2.93
	闸	1.35
	码头	23.09
	船坞	1.88
	小计	393.47
河口岸线	河口岸线	4.52
合计		484.85

表4.6　沿海县（市）海岸线长度　　　　　　　　　　　　单位：km

地市	县（区）	岸线长度
沧州市		92.46
唐山市	丰南区	19.23
	滦南县	71.58
	唐海县	14.04
	乐亭县	124.87
	小计	229.72
秦皇岛市	昌黎县	64.94
	抚宁县	17.07
	市区	80.66
	小计	162.67
合计		484.85

4.2.1.2　滩涂（潮间带）资源

河北全省滩涂总面积943.10 km²，占海岸带总面积的8.75%。滩涂（潮间带）资源类型包括岩滩、海滩和潮滩3种类型，其中岩滩面积约0.2 km²，仅占全省滩涂面积的0.02%；海滩面积13.62 km²，占全省滩涂面积的1.44%；潮滩面积929.28 km²，占全省滩涂面积的98.54%。其中，唐山市滩涂面积663.84 km²，占全省滩涂总面积的70.4%；沧州市滩涂面积253.65 km²，占全省滩涂总面积的26.9%；秦皇岛市滩涂面积25.47 km²，占全省滩涂总面积的2.7%。

河北省滩涂面积见表4.7。

表4.7　河北省滩涂面积统计　　　　　　　　　单位：km²

区域	县（市）区	岩滩	海滩	潮滩	合计
秦皇岛市	秦皇岛市三区	0.2	5.30		5.50
	抚宁县		2.28		2.28
	昌黎县		6.04	11.65	17.69
	小计	0.2	13.62	11.65	25.47
唐山市	乐亭县			185.62	185.62
	滦南县			343.14	343.14
	唐海县			84.10	84.10
	丰南县			50.98	50.98
	小计			663.84	663.84
沧州市	黄骅市			203.27	203.27
	海兴县			50.38	50.38
	小计			253.65	253.65
全省		0.2	13.62	929.14	943.10

注：数据来源于河北省海域使用现状调查研究报告。

4.2.1.3　浅海资源

河北省浅海面积5 607.55 km²。其中，0～5 m等深线浅海面积1 139.69 km²，占浅海总面积的20.32%；5～10 m等深线浅海面积1 466.78 km²，占浅海总面积的26.16%；10～15 m等深线浅海面积1 397.34 km²，占浅海总面积的24.92%；15～20 m等深线浅海面积1 323.20 km²，占浅海总面积的23.60%；大于20 m等深线的浅海面积280.54 km²，占浅海总面积的5.0%。

河北省浅海面积分布见表4.8。

表4.8　河北省浅海面积分布

深度（m）	全省		秦皇岛		唐山		沧州	
	面积（km²）	百分比（%）	面积（km²）	百分比（%）	面积（km²）	百分比（%）	面积（km²）	百分比（%）
0～2	416.80	7.43	24.54	5.89	203.81	48.90	188.45	45.21

深度 (m)	全省		秦皇岛		唐山		沧州	
	面积 (km²)	百分比 (%)	面积 (km²)	百分比 (%)	面积 (km²)	百分比 (%)	面积 (km²)	百分比 (%)
2~5	722.89	12.89	65.32	9.04	275.42	38.10	382.15	52.86
5~10	1 466.78	26.16	590.54	40.26	448.25	30.56	427.99	29.18
10~15	1 397.34	24.92	797.75	57.09	599.59	42.91		
15~20	1 323.20	23.60	465.29	35.16	857.91	64.84		
20~25	170.69	3.04	3.53	2.07	167.16	97.93		
25~30	87.53	1.56			87.53	100		
>30	22.32	0.40			22.32	100		
合计	5 607.55	100	1 946.97	34.72	2 661.99	47.47	998.59	17.81

注：数据来源于河北省海域使用现状调查研究报告。

4.2.1.4 海岛资源

河北省有海岛 70 个（含人工岛 1 个），集中分布于滦河口和曹妃甸海域。其中滦河口诸岛 45 个，曹妃甸诸岛 24 个，秦皇岛海域建有人工岛 1 个（仙螺岛）。海岛陆域面积 21.17 km²，岸线长 165.32 km。河北省海岛分布见图 4.13。

图 4.13 河北省海岛分布

4.2.2　海域使用状况综述

4.2.2.1　海域使用分类

河北省海域使用分类参照《海域使用现状调查技术规程》所规定的"海域使用分类体系"进行。目前河北省海域使用类型有：渔业用海、交通运输用海、工业与城镇用海（包括工矿用海和围海造地用海）、旅游娱乐用海、海底工程用海、排污倾倒用海和特殊用海共7个类型。

4.2.2.2　海域使用现状

河北省管辖海域总面积722 776.33 hm²，其中秦皇岛市管辖海域面积180 526.64 hm²，包括：市区84 879.44 hm²，抚宁县19 859.02 hm²，昌黎县75 788.18 hm²；唐山市管辖海域面积446 689.42 hm²，包括：丰南区18 653.9 hm²，滦南县156 003.1 hm²，唐海县20 492.96 hm²，乐亭县251 539.46 hm²；沧州市管辖海域面积95 560.27 hm²。

截至2010年在全省722 776.33 hm²行政管辖海域中，已利用海域面积为160 265.96 hm²，利用率为23.07%。其中，秦皇岛市51 346.31 hm²，占全省已利用海域总面积的32.04%；唐山市89 815.53 hm²，占56.04%；沧州市19 104.12 hm²，占11.92%。海域利用率全省为23.07%，秦皇岛、唐山、沧州三市海域利用率分别为38.95%、20.11%和19.99%（图4.14、图4.15）。

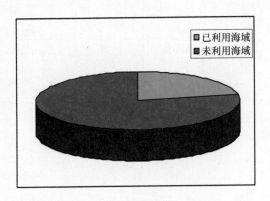

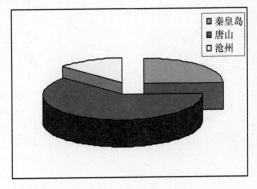

图4.14　河北省海域利用结构　　　　图4.15　河北省管辖海域分布结构

在已利用海域中，渔业用海64 970.94 hm²，占40.54%；交通运输用海20 523.44 hm²，占12.81%；工业与城镇用海13 065.73 hm²，占8.15%；旅游娱乐用海1 380.62 hm²，占0.86%；海底工程用海34.58 hm²，占0.02%；排污倾倒用海2 245.99 hm²，占1.40%；特殊用海58 044.66 hm²，占36.22%（表4.9、表4.10、表4.11）。

表 4.9　河北省海域利用类型面积统计　　　　单位：hm²

行政区	渔业用海	交通运输用海	工业与城镇用海	旅游娱乐用海	海底工程用海	排污倾倒用海	特殊用海	合计	海域使用率
秦皇岛	23 069.16	10 429.56	301.31	984.89	4.6	313.96	16 242.83	51 346.31	28.44%
唐山	33 423.71	4 858.2	8 915.78	395.73	3.48	416.8	41 801.83	89 815.53	20.11%
沧州	8 478.07	5 235.68	3 848.64		26.5	1 515.23		19 104.12	19.99%
全省	64 970.94	20 523.44	13 065.73	1 380.62	34.58	2 245.99	58 044.66	160 265.96	23.07%

表 4.10　河北省海域利用类型用海结构

行政区	渔业用海（%）	交通运输（%）	工业与城镇（%）	旅游娱乐（%）	海底工程（%）	排污倾倒（%）	特殊用海（%）	合计
秦皇岛	44.93	20.31	0.59	1.92	0.01	0.61	31.63	100
唐山	37.21	5.41	9.93	0.44	0	0.46	46.54	100
沧州	44.38	27.41	20.15	0	0.14	7.93	0	100
全省	40.54	12.81	8.15	0.86	0.02	1.40	36.22	100

表 4.11　河北省海域利用类型用海布局

行政区	渔业用海（%）	交通运输（%）	工业与城镇（%）	旅游娱乐（%）	海底工程（%）	排污倾倒（%）	特殊用海（%）
秦皇岛	35.51	50.82	2.31	71.34	13.3	13.98	27.98
唐山	51.44	23.67	68.24	28.66	10.06	18.56	72.02
沧州	13.05	25.51	29.45	0	76.64	67.46	0
合计	100	100	100	100	100	100	100

4.2.3　海域使用状况演进过程分析

4.2.3.1　数据资料获取

依据河北省海洋局发布的 2002 年到 2010 年《河北省海域使用管理公报》的统计信息，按照不同时间、不同区域进行分类统计分析。

4.2.3.2　海域使用状况演进过程分析

自 2002 年开始海域使用状况统计以来，河北省海域使用面积稳步增加，从 2002 年的 125 062.84 hm² 增加到 2010 年的 160 265.96 hm²，共增加海域使用面积 35 203.12 hm²，平均年增加海域使用面积 4 400.39 hm²；海域利用率从 2002 年的 17.30% 提高到 2010 年的 23.07%（图 4.16）。从每年新增海域使用面积分析，河北省 2007 年和 2003 年新增海域使用面积明显超过其他年份增加量（图 4.17）。

渔业用海变化分析：我国海水可养殖面积为 25 997 km²，河北省海洋功能区划中

80

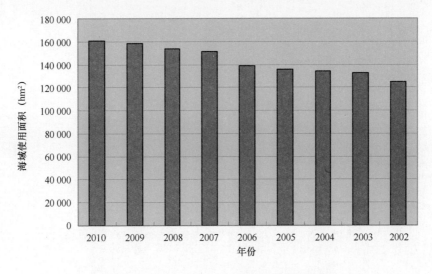

图 4.16　2002—2010 年河北省海域使用状况

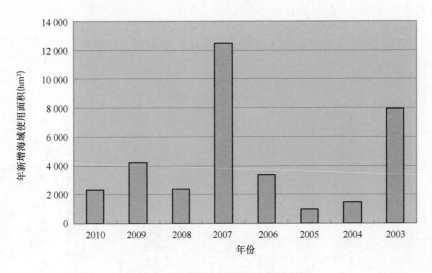

图 4.17　河北省年新增海域使用面积

"养殖区"面积为 3 209. 250 8 km^2，占全国比例达 12.34%，说明河北省海水养殖空间资源丰富，发展海水养殖业具有良好的自然条件。从河北省历年统计数据看来，河北省养殖用海面积呈稳步增加的趋势，2010 年养殖用海面积比 2002 年增加了 59.75%，但只占到河北省海水养殖用海区划面积的 20.24%，完全有足够的后备资源支撑海水养殖业的发展。2002—2010 年河北省渔业用海面积变化见图 4.18。

交通运输用海变化分析：河北省海洋功能区划中"港口航运区"面积为 234 258. 48 hm^2，截至 2010 年河北省交通运输用海面积为 20 523. 44 hm^2，比 2002 年增加了 49.54%，占到河北省港口航运用海区划面积的 8.74%，这说明河北省港口航运区的开发程度并不高。自 2002 年以来，交通运输用海面积呈增加趋势，但 2007 年以前增

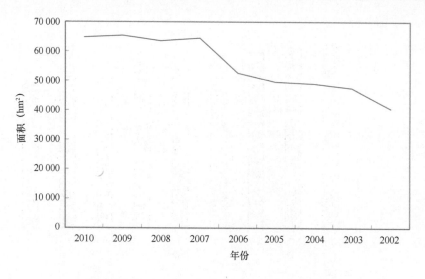

图 4.18 2002—2010 年河北省渔业用海面积变化

长比较缓慢，2007 年以后出现快速增长。这与这一时期快速的港口建设活动有密切关系。2002—2010 年河北省交通运输用海面积变化见图 4.19。

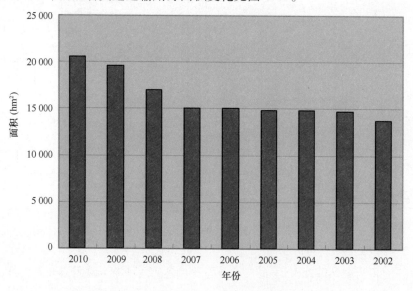

图 4.19 2002—2010 年河北省交通运输用海面积变化

工业与城镇建设用海变化分析：在河北省海域使用状况统计公报中，工业与城镇建设用海从 2009 年开始进行统计，截至 2010 年河北省工业与城镇建设用海为 13 065.73 hm²，占到河北省工业与城镇建设用海区划总面积 37 879.66 hm² 的 34.49%。建设项目主要集中在曹妃甸生态城工业与城镇建设区、渤海新区工业与城镇建设区等区域。

工矿用海变化分析：2002—2008 年河北省工矿用海面积变化相对比较平缓，2008

年河北省工矿用海面积为 9 005.69 hm^2，比 2002 年增加了 12.45%，增速比较平缓。目前已利用的海域面积占到河北省工矿用海区划面积 28 080.71 hm^2 的 32.07%。

旅游娱乐用海变化分析：河北省是中国北部的沿海省份，滨海景观丰富，类型多样，在北方地区具有滨海旅游竞争优势，河北省海洋功能区划中"旅游区"面积高达 50 669.73 hm^2。虽然河北省海洋功能区划中划定的旅游区范围广阔，但旅游区位置绝大部分位于秦皇岛沿海地区。河北省截至 2010 年旅游娱乐用海面积为 1 380.62 hm^2，比 2002 年增加了 95.93%，旅游娱乐用海快速发展，但只占到区划面积的 2.73%，完全有足够的后备资源支撑滨海旅游业的发展。2002—2010 年河北省旅游娱乐用海面积变化见图 4.20。

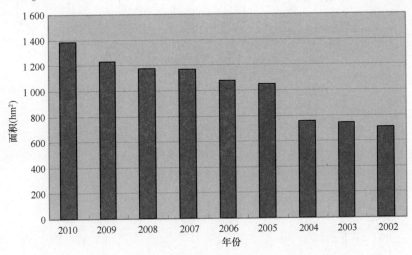

图 4.20　2002—2010 年河北省旅游娱乐用海面积变化

围海造地用海变化分析：围海造地会完全改变海域自然属性，是一种特殊的用海方式，这种用海方式在河北省海洋功能区划中并没有相对应的功能区，但其需求随着河北省沿海经济带发展战略的实施迅猛增加。截至 2008 年河北省围海造地面积为 2 688.43 hm^2，比 2002 年增加了 127.06%，平均每年增加围填海面积 250.74 hm^2，呈现快速增长的趋势，尤其 2005 年以后增长速度明显加快。这与这一时期港口建设填海活动的快速推进有密切的关系。2002—2008 年河北省围海造地面积变化见图 4.21。

海底工程用海、排污倾倒用海、特殊用海在 2002—2010 年间基本维持平稳，变化不明显。

4.2.4　海域使用的特点及存在问题

4.2.4.1　海域使用的特点

（1）海域使用类型比较齐全，海洋经济体系比较完善

丰富的海域空间资源类型为各类海洋产业的发展提供了广阔的空间，资源利用类型多样。河北省海域资源利用类型包括渔业用海、交通运输用海、工矿用海、旅游娱乐用

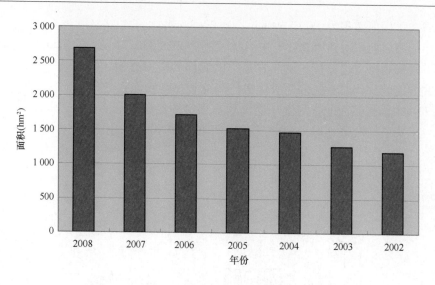

图 4.21 2002—2008 年河北省围海造地面积变化

海、海底工程用海、排污倾倒用海、围海造地用海和特殊用海 8 个一级类和 21 个二级类，涵盖了国家海洋局海域使用 9 个一级类中的 8 个使用类型和 30 个二级类型中的 21 个使用类型；初步形成了较为完整的包括海洋渔业及相关产业、海洋盐业、滨海旅游业、海洋化工业、海水综合利用业、海洋船舶工业、海洋工程建筑业、海洋交通运输业、海洋石油化工业和其他海洋产业十大行业的海洋经济体系。2010 年，河北省海洋产业总产值 667.63 亿元。

（2）海域优势资源利用充分，海洋产业结构优势明显

秦皇岛市的基岩岸线、岩滩、海滩、浅海等优势资源得到了较高程度开发利用，港口航运、滨海旅游、设施养殖等海洋产业优势明显；唐山市以海滩、潮滩、浅海等优势资源开发利用为基础的港口航运、滨海旅游、渔业养殖、海盐生产等海洋产业优势日渐突出；沧州市依托浅海等优势资源，开展渔业养殖、港口航运等海洋产业。

（3）公益性利用类型与生产性利用类型接近，生产性特征不突出

在全部海域使用类型中，自然保护、军事、排污倾倒、交通运输等公益性利用类型面积占全省海域利用总面积的 50.43%，而渔业、交通、工矿、旅游娱乐、海底工程等生产性利用类型仅占 49.57%。表现出公益性用海与生产性利用类型比较接近，生产性用海不突出的资源利用特征，在一定程度上影响了单位海域使用效益（主要指经济效益）的提高。

4.2.4.2 海域使用中存在的问题

（1）近岸海域资源供需矛盾突出

旅游、渔业、工矿、港口、临海工业、保护区用海等海域使用类型均具有排他性，且集中于近岸海域。随着海洋经济的不断发展，各行各业对近岸海域空间资源的需求量逐渐增大，资源供需矛盾日渐突出。在秦皇岛海域表现为旅游、港口、临海工业与设施养殖的用海矛盾，旅游与港口、自然保护的用海矛盾，保护区用海与海水养殖的矛盾等；在唐山海域表现为海水养殖与盐业的矛盾、军事设施用海与海水养殖的矛盾、港口

建设与盐业、围海养殖的矛盾等；在沧州市海域表现为近岸石油开采、港口建设与围海养殖业的矛盾等，这些矛盾如不能有效地解决，将直接影响海洋经济的健康、持续发展。

（2）不同区域的同类海域资源开发利用程度存在较大差异

受资源分布、环境条件、地理区位等因素的影响，同类资源的开发利用程度在不同的区域存有较大差异。戴河口至大清河口的海域资源，适宜养殖贝类等滤食性海洋生物，在秦皇岛所辖的戴河口至滦河口海域，养殖区已扩张到12海里附近，而条件相似的唐山滦河口至大清河口海域尚处于较低利用状态；大清河口以北（东）是适宜开展滨海旅游的砂质海滩分布区，洋河口以北区域开发利用强度较大，局部出现了海滩缩窄、砂质粗化、海岸侵蚀等资源退化现象，而洋河口以南却有大面积的优质海滩长期闲置；大清河口以西（南）是适宜底栖贝类养殖的淤泥质潮滩分布区，目前，底播养殖区集中分布于唐山的淤泥质潮滩区，而沧州海域的同类资源，大部分尚未开发利用。

（3）渔业养殖利用类型的布局随意性较大

由于缺乏具体的规划，围海养殖、底播养殖和设施养殖等利用类型，在布局上呈现出不同程度的随意性和盲目性，资源利用较为粗放。由于养殖区布局分散、邻区间距宽窄程度不同、养殖航道设置无规则，开发随意，池塘分布连续性差，导致有效使用面积小，资源浪费严重。

（4）海域使用类型比例不协调，利用效益偏低

河北省海域使用类型虽较齐全，但用海结构规划性较低。除表现为公益性使用类型接近生产性使用类型外，在经营性使用类型内部结构上，具体表现为传统渔业生产使用所占比例较高（40.54%），工矿用海、旅游娱乐等朝阳海洋产业使用类型所占比例仅为9.01%；且旅游娱乐用海类型，大多以单纯资源利用型的海水浴场用海为主体，直接导致了利用效益偏低。

（5）自然保护区生态功能减弱

围海养殖造成了七里海潟湖等自然保护区的面积极度缩减，含有大量氮、磷的养殖废水直排入海，保护区生态功能降低。例如，1987年七里海自然水面面积约为7.4 km^2，由于围海养殖致使七里海潟湖水面减少，经实测2008年七里海现状水面面积约为3.8 km^2。另外，黄金海岸自然保护区的缓冲区内存在设施养殖近15 km^2，由于海水养殖面积较大且品种单一，致使海水营养成分失衡，底质环境恶化，容易引发海洋生物群落组成改变，对海水质量产生不利影响，给海洋生态环境带来压力。

4.3　天津市海域使用及结构布局

4.3.1　海域使用空间资源概况

天津市海洋资源丰富，开发潜力较大，是全市经济发展的重要物质基础。区划范围内优势资源主要有港口资源、石油天然气、旅游、海水等，其中港口资源、石油、天然

气在国民经济中占有举足轻重的地位。

（1）港口资源

天津市港口资源丰富，在约 153 km 的海岸线中，港口岸段占了 16%，并且拥有全国最大的人工港——天津港。天津港港域面积近 220 km^2，其中陆域面积达 37 km^2，水域面积约 183 km^2，已建设成为商业港与工业港、渔业港相结合的具有中转运输、储存、临海工业等多功能的综合性现代化的国际贸易港口。截至 2007 年，天津港拥有各类泊位 142 个，其中生产性泊位 129 个，内含万吨级以上深水泊位 71 个，货物吞吐量达到 3.1×10^8 t，集装箱吞吐量达到 710×10^4 TEU，天津港已成为我国北方第一大港并跻身世界港口 20 强。

（2）油气资源

天津市海岸带拥有丰富的石油、天然气资源。探明石油地质储量为 21 789×10^4 t，探明天然气地质储量为 623.56×10^8 m^3。此外，由于拥有天津港的交通运输便利条件，使得国外石油的海上运输十分便利，为充分利用国外石油资源发展炼油、石油化学工业和建设国家级石化产业基地创造了很好的条件。

（3）旅游资源

天津市滨海旅游资源潜力较大，有辽阔的海域和河湖水面，可开展水上体育活动；海岸带地势低下，洼地众多，河流纵横，有的洼地和河曲地段，形成了独特的自然生态系统，成为较好的风景旅游区；有沧海桑田的遗迹古海岸贝壳堤等天赋的旅游资源；有大沽炮台群等人文旅游资源，这些旅游资源为旅游业开发提供了较好的资源条件。

（4）渔业资源

天津市沿海区域已鉴明的渔业资源大约有 80 多种，主要渔获种类有 30 多种。其中底栖鱼类有鲈鱼、梭鱼、梅童鱼等，中上层鱼类有斑鲦鱼、青鳞鱼、黄鲫等，无脊椎动物有对虾、毛虾、脊尾白虾等，底栖贝类有毛蚶、牡蛎、红螺等。但是，近年来随着污染物入海量增多、拦河大坝截流、过度捕捞，天津市近海渔业资源已明显衰退。

（5）海水资源

天津市海岸带是海盐生产的理想场所，拥有 390 km^2 盐田，取之不尽的海水，加之年蒸发量大、风多等优越的气候条件，对海盐生产十分有利。每年海盐产量达 200×10^4 t 以上。长芦盐区是我国最大的海盐生产基地之一，为海洋化工的发展提供了原料来源。天津市海水利用具有一定基础，目前淡化水量为 6 000 m^3/d，替代淡水量为 0.3×10^8 m^3。

4.3.2 海域使用状况综述

经过多年的开发和建设，天津市海岸线的利用率（尤其是向海一侧岸线的利用率）有了大幅度提高，向海一侧的海岸线开发利用，尤以中部塘沽段的岸线开发利用程度最高，主要以交通运输用海和围海造地用海项目占主导地位。沿海岸线向海一侧由北向南依次分布着养殖区、滩涂、港口、围填海区、旅游区、油田、泄洪区等。沿海岸线向陆一侧主要分布有养殖区、村庄、城镇、港口、盐场、油田、泄洪区、滨海道路等，利用率达到 100%。截至 2010 年底具体利用情况见表 4.12 至表 4.14 和图 4.22 至图 4.23。

表 4.12 天津市已利用海岸线情况（天津市海洋局统计资料）

序号	用海项目名称	占用海岸线长度（m）	所属地区	用海类型
1	天津港港池	23 393.5	塘沽	港口用海
2	南疆一期和下游围填海区	3 322.2	塘沽	港口用海
3	南疆二期围埝	1 252.6	塘沽	港口用海
4	东疆港区	12 226.2	塘沽	港口区
5	南疆南围埝工程	3 648.5	塘沽	港口用海
6	南港工业区	10 000.0	大港	港口用海
7	泰达北区填海造陆	4 444.0	塘沽	港口用海
8	临港产业区	6 975.1	塘沽	港口用海
9	洒金坨村东养虾池	2 333.0	汉沽	海水养殖
10	洒金坨村西养虾池	1 245.4	汉沽	海水养殖
11	营城镇大神堂村虾塘	1 006.8	汉沽	海水养殖
12	张洪义虾池 1-2	376.0	大港	海水养殖
13	康金山虾池	213.2	大港	海水养殖
14	程汝峰虾池	1 096.8	大港	海水养殖
15	杨军虾池	988.2	大港	海水养殖
16	水产增殖站	1 124.0	大港	海水养殖
17	马棚口二村虾池 1	1 052.3	大港	海水养殖
18	马棚口二村虾池 2	2 683.2	大港	海水养殖
19	马棚口一村虾池	1 700.3	大港	海水养殖
20	洒金坨养殖区规划	4 777.5	汉沽	渔业用海
21	中心渔港	2 008.4	汉沽	渔业用海
23	中心渔港航道	—	汉沽	渔业用海
24	马棚口一村虾池	2 334.0	大港	渔业用海
25	国际游乐港	2 364.2	汉沽	旅游用海
26	海滨浴场	2 634.0	塘沽	旅游用海
27	东方游艇会	1 984.5	汉沽	旅游娱乐
28	驴驹河生活旅游区规划	8 310.3	塘沽	旅游娱乐
29	临港工业	2 981.7	塘沽	工业、填海
30	大港油田第一作业区导堤	1 508.2	大港	工矿用海
31	大港电厂泵站取水口	—	大港	其他用海
32	大港电厂引水渠	302.0	大港	其他用海

序号	用海项目名称	占用海岸线长度（m）	所属地区	用海类型
33	独流减排泥场等	904.0	大港	其他用海
34	海河口	2 431.5	塘沽	其他用海
35	北疆电厂引水渠	283.3	汉沽	其他用海
36	永定新河口排泥场	1 247.4	塘沽	其他用海
37	永定新河泄洪区	16 962.5	塘沽	泄洪区
38	海河泄洪区	4 207.1	塘沽	泄洪区
39	独流减泄洪区	1 002.2	大港	泄洪区
40	子牙新河泄洪区	7 393.7	大港	泄洪区

表 4.13　2006—2010 年天津市批准用海项目（天津市海洋局提供）

用海	2006 年		2007 年		2008 年		2009 年		2010 年		合计
	宗数（宗）	面积（hm²）	宗数（宗）	面积（hm²）	宗数（宗）	面积（hm²）	宗数（宗）	面积（hm²）	宗数（宗）	面积（hm²）	面积（hm²）
填海	1	30.89	2	50.23	15	436.38	36	1 397.34	15	550.135	2 464.98
防波堤	3	32.76	0	0	1	12.78	0	0	0	0	45.54

表 4.14　天津市港口沿海岸线利用情况规划（天津市海洋局提供）

岸线名称	岸线起讫点	规划港口岸线				已利用港口岸线		利用情况	规划主要用途
		占用自然岸线长度（km）	形成港口岸线长度（km）	其中：深水岸线（km）	其中：预留港口岸线（km）	已利用岸线长度（km）	其中：深水岸线（km）		
沿海岸线	小计	41	165.7	165.7	48.4	30.2	30.2		
北塘岸线	塘汉交界—永定新河口北侧	1.0	9.8	9.8	4.6	0.0	0	未开发	客运码头、科研码头
东疆岸线	永定新河南侧—北疆杂货码头东侧	0.0	16.8	16.8	0.0	2.7	2.7	6 个集装箱泊位、1 个建材泊位	集装箱码头、邮轮码头
北疆岸线	北疆杂货码头东侧—海河船闸	13.3	21.2	21.2	0.0	15.2	15.2	47 个泊位及新港船厂	综合性港区
南疆岸线	海河船闸—南疆铁路桥下游	1.0	26.2	26.2	8.0	9.9	9.9	南疆港区、石油基地和支持系统泊位 22 个	大宗散货及支持系统码头
临港工业区岸线	大沽排污河口—津沽二线延长线	7.5	23.6	23.6	0.0	0.5	0.5	正在填海成陆，建有 2 个泊位	公用及临港工业岸线

续表

岸线名称	岸线起讫点	规划港口岸线				已利用港口岸线		利用情况	规划主要用途
		占用自然岸线长度	形成港口岸线长度（km）	其中：深水岸线（km）	其中：预留港口岸线（km）	已利用岸线长度（km）	其中：深水岸线（km）		
临港产业区岸线	津沽二线延长线—海滨浴场以南1.7 km处	9.6	37.0	37.0	14.1	1.9	1.9	滨海浴场使用岸线1.9 km	公用及临港工业岸线
大港岸线	独流减河南治导线—子牙新河口北2.0 km处	8.6	31.1	31.1	21.7	0.0	0.0	未利用	综合性港区岸线

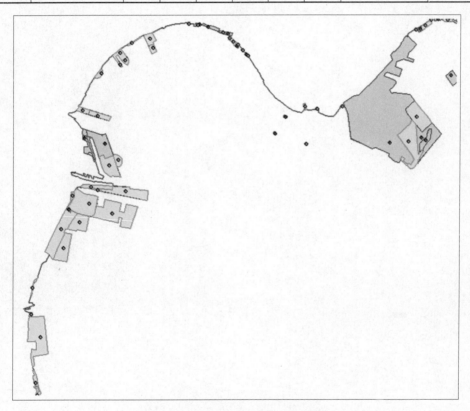

图4.22　2010年天津集约用海区域海域使用状况

近几年用海项目数量和面积都有显著的增加，主要有三方面的原因：一是随着人们对海域使用权的认识和了解，天津市围海养殖用海和油气开采用海的确权发证工作进展顺利，部分用海补发了海域使用权证书；二是由于天津滨海新区的开发开放，天津港基础设施建设投入增大，交通运输用海规模增大；三是随着临港产业、海滨旅游等大型用海项目的建设，围海造地用海面积较大，开发相对集中。

89

图 4.23　天津海域使用动态遥感监测（2010 年 11 月）

4.3.3 海域使用结构布局

4.3.3.1 海域使用规划情况

（1）区域海岸线使用规划

天津市海岸线由北往南分为九大功能岸段，分别是：陆域津冀北界线至大神堂以东岸线，主要功能为生态保护和渔业养殖；大神堂至蔡家堡以东岸线，主要功能为渔港、海水综合利用、发展轻型产业及发展预留；蔡家堡至青坨子岸线，主要功能为旅游；青坨子至永定新河河口北岸线，主要功能为生活旅游和第三产业；永定新河河口岸线，主要功能为旅游；永定新河河口南至大沽排污河河口岸线，主要功能为港口；大沽排污河河口至独流减河河口以北的岸线，主要功能为港口、工业和第三产业；独流河河口以南至长芦大港特种盐场公司北界的岸线，主要功能为油气开采、石化产业和工业仓储；长芦大港特种盐场公司北界至陆域津冀南界线的岸线，主要功能为生态保护和渔业养殖。

（2）区域海域使用规划情况（2008 年，2009—2020 年）

2008 年天津市海洋功能区划：2008 年天津市海洋功能区划将天津市管理使用海域划分为 10 个一级类型（港口航运区、渔业资源利用和养护区、矿产资源利用区、旅游区、海水资源利用区、工程用海区、海洋保护区、特殊功能区、保留区、其他功能区），27 个二级类型，共计 121 个功能区。

10 个一级类型区：①港口航运区（包括 4 个二级类型，19 个功能区）；②渔业资源利用和养护区（包括 4 个二级类型，19 个功能区）；③矿产资源利用区（包括 2 个二级类型，9 个功能区）；④旅游区（包括 2 个二级类型，9 个功能区）；⑤海水资源利用区（包括 3 个二级类型，15 个功能区）；⑥工程用海区（包括 5 个二级类型，23 个功能区）；⑦海洋保护区（包括 3 个二级类型，8 个功能区）；⑧特殊功能区（包括 2 个二级类型，12 个功能区）；⑨保留区（包括 1 个二级类型，3 个功能区）；⑩其他功能区（包括 1 个二级类型，4 个功能区）。

2009—2020 年天津市滨海新区城市规划：2009—2020 年天津市滨海新区重新规划的滨海新区城市规划（图 4.24）将天津市近岸海域划分为 9 个功能区：鱼虾贝类增殖区为一类区，盐业、渔业、海水浴场取水区为二类区，北塘口外海区、大沽口外海区为三类区，大沽口海区、海上石油开发区为四类区，其余 3 个功能区为混合区，分别为北塘口混合区、大沽口混合区、企业直排口混合区。

岸线利用规划为：①陆域津冀北界线至大神堂岸线为生态保护与渔业养殖岸线。重点发展生态岸和绿化工程，合理发展海产品养殖，注意潮间带生物多样性保护。②大神堂至蔡家堡岸线为生产岸线，主要布置大型渔港、电厂等设施。③蔡家堡至永定新河河口岸线为旅游、生活岸线。重点发展旅游，形成集河、海、湖观光、休闲娱乐、疗养于一体的多功能旅游区。④永定新河河口南至大沽排污河岸线为港口岸线，建设天津港。⑤大沽排水河至津沽二线延长线岸线为工业岸线，建设临港工业区。⑥津晋高速公路至独流减河北岸岸线为发展预留岸线。⑦独流减河北岸至油田防洪堤岸线为工业岸线。⑧油田防洪堤以南至沧浪渠岸线为生态保护和发展预留岸线。

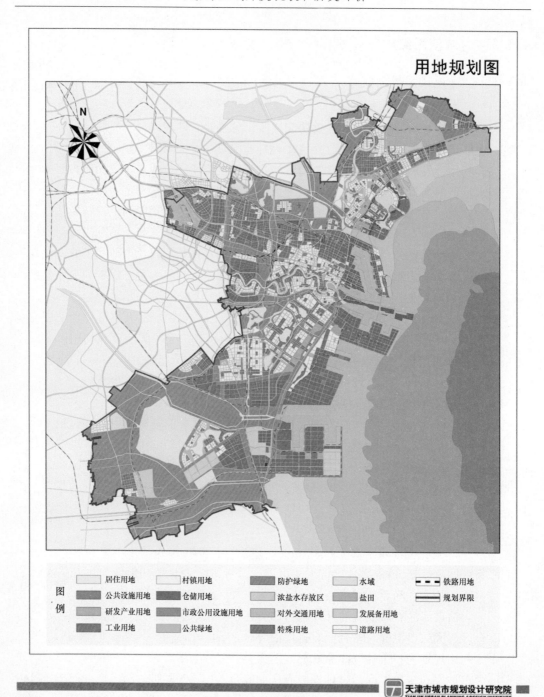

用地规划图

图例

居住用地	村镇用地	防护绿地	水域	铁路用地
公共设施用地	仓储用地	浓盐水存放区	盐田	规划界限
研发产业用地	市政公用设施用地	对外交通用地	发展备用地	
工业用地	公共绿地	特殊用地	道路用地	

天津市城市规划设计研究院
TIANJIN URBAN PLANNING & DESIGN INSTITUTE

图 4.24　天津滨海新区城市总体规划（2009—2020 年）

4.3.3.2　区域海域使用布局特征

塘沽区：塘沽区无论是用海数量还是面积都在三区占据首位，大港区其次，汉沽区最少。塘沽区用海类型丰富，用海项目集中，在各类用海中交通运输用海规模最大。塘沽区海域南北开发程度不平衡，大部分的工业及交通运输用海项目集中于塘沽区毗邻海域的中北部，塘沽中部主要分布有天津港南、北疆港区，北部则分布着东疆港区港口、码头、碱渣堆场、北大防波堤等多种类型的海域使用项目，海河河口以南地区目前用海项目主要是临港工业区一期围填海工程及临港工业区的港口码头用海，随着临港工业区及临港产业区开发的推进，该区域的用海强度将会进一步增大。

汉沽区：汉沽区用海以渔业用海为主，包括围海养殖、渔港码头、渔船修造。汉沽区东北部和西南部海域利用不均衡，东北部的洒金坨、大神堂地区分布着较大规模的围海养殖项目，已确权发证的主要集中在洒金坨，布局狭长。同时，由北至南在大神堂、蔡家堡、蛏头沽等沿海渔村分布着规模不等的渔港。区域所辖海域内分布汉沽盐场和养虾池进排水口7处；由于滨海航母主题公园用海项目在八卦滩外侧海域的开发利用，极大地推动了汉沽区海域开发的步伐。

大港区：大港区主要以渔业用海、工矿用海为主，近岸海域围海养殖用海和石油开采用海交织并存。大港区北部用海主要集中在独流减河河口地区，主要有泄洪区、排泥区、大港电厂用海，在近岸滩涂上还有底播养殖用海分布；中部主要是油气开采用海和养殖用海交错分布；南部新马棚口集中分布马棚口村养殖用海。

天津市绝大部分用海项目都分布在潮间带地区，包括了港口码头、围海养殖、围海造地、旅游娱乐、油气开采、渔港等用海项目。0～-2 m等深线之间以航道、防波堤、底播养殖为主，由于天津市海域潮间带坡降非常缓慢，适于围海工程和填海造陆工程，因此部分填海造陆工程如临港工业区、北大防波堤等也已扩展到该区域。-2 m等深线以外是锚地、航道、防波堤和倾倒区。

总之，天津市用海总体布局特征为中部地区交通运输用海密集，填海规模大，开发强度高，而南北两头开发强度较小，以围海养殖为主，利用效率较低。海域开发利用的深度和广度在不断扩展，但目前大部分用海项目集中在潮间带地区，0 m线以外的海域利用仍处于初级阶段，有待进一步开发。

4.3.3.3　海域使用布局发展趋势

滨海新区的空间和产业布局由一轴、一带、三个城区和八个功能区组成。"一轴"指沿京津塘高速公路和海河下游建设"高新技术产业发展轴"；"一带"指沿海岸线和海滨大道建设"海洋经济发展带"；"三个城区"指的是在轴和带的T形结构中，建设以塘沽城区为中心、大港城区和汉沽城区为两翼的宜居海滨新城。"八个经济功能区"包括制造业产业区、滨海高新技术产业园、滨海化工、海港物流、临空产业区、滨海中心商务商业区、海滨休闲旅游区、临港产业区。其中涉及用海的功能区主要有滨海化工区、海港物流区、海滨休闲旅游区和临港产业区。

随着"十一五"规划的全面展开，在海洋经济发展带和经济功能区建设的带动下，天津海域使用布局将呈现由海河河口向南北两侧扩张的总体趋势。北部海域沿海岸线北向南在大神堂西南侧、永定新河河口北侧、高家堡形成节点，依次分布着北疆发电厂、中心渔港、临海新城等用海项目，区域用海强度和广度明显提高。中北部用海将主要集中在东疆港区、南疆港区东部和北港池北区，中南部大规模用海主要集中在建设中的临港工业区和规划建设中的临港产业区。中部海区海域使用布局紧凑，用海强度高。南部海区将在独流减河排泥场南侧兴建石化综合服务基地，海域使用格局将依然保持养殖用海与油气用海交错分布的现状。

4.4　山东省海域使用及结构布局

4.4.1　海域使用空间资源概况

4.4.1.1　渤海山东近岸海域概况

渤海山东沿海位于渤海南部海域，介于37°03′—38°34′N，117°45′—121°04′E之间（图4.25），西起冀鲁交界处的大口河口（38°15′43.77″N，117°50′25.88″E），东至山东半岛北岸蓬莱角（37°49′56.69″N，120°44′36.70″E）。其沿岸地区包括滨州市、东营市、潍坊市和烟台市所属的莱州、招远、龙口、蓬莱4市，大陆海岸线长926 km；较大的岛屿有南长山岛、砣矶岛、钦岛和隍城岛等，总称庙岛群岛或庙岛列岛。其间构成8条宽狭不等的水道，扼渤海的咽喉，是京津地区的海上门户。

渤海山东近岸海域包括渤海湾的南部、莱州湾和渤海海峡的登州水道，水深10～15 m。最深达20 m的范围一般距岸20 km左右。

区域海底平坦，多为泥沙和软泥质，地势呈由渤海湾、莱州湾向渤海海峡倾斜态势。海岸分为粉砂淤泥质岸、砂质岸和基岩岸3种类型。莱州湾虎头崖以西岸段为粉砂淤泥质海岸；虎头崖以东岸段为基岩海岸和砂砾质海岸。

4.4.1.2　海岛资源情况

海岛是指四面环（海）水并在高潮时高于水面的自然形成的陆地区域。按照我国海岛管理的最新技术规程认定，目前，山东省共有海岛456个，其中500 m²以上海岛总面积约111.22 km²，海岛岸线长约561.44 km。面积在500 m²以上海岛（礁）数量变化情况见表4.15。

表4.15　面积在500 m²以上海岛（礁）数量变化情况

沿海市	20世纪80年代调查		近海综合调查①		海岛数量（个）	修测岸线长度（km）	修测海岛面积（km²）
	海岛（个）	现存海岛（个）	新发现海岛（个）	新增加海岛（个）			
滨州市	89	47			47	72.889	5.802
东营市			4		4	24.355	9.072
潍坊市			10		10	6.587	0.495
烟台市	74	72		5	77	245.847	67.924
威海市	86	78		20	98	103.299	13.205
青岛市	68	63		10	73	97.964	14.311
日照市	9	9		2	11	8.838	0.403
总计	326	269	14	37	320	559.779	111.212

①"近海综合调查"指"我国近海海洋综合调查与评价专项"。

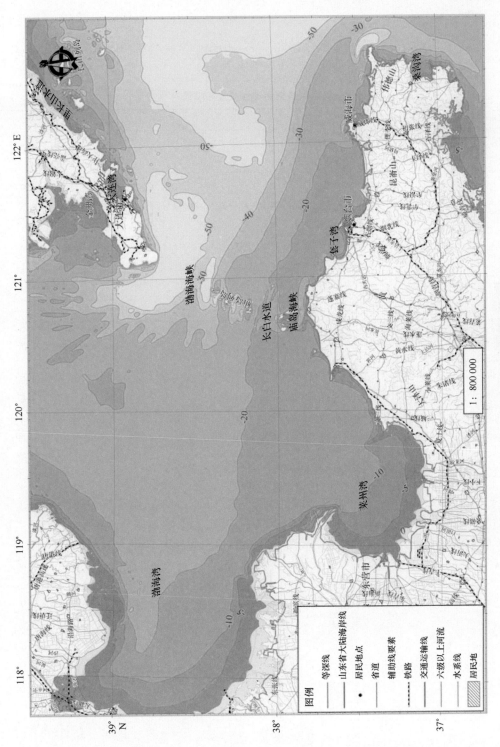

图4.25 渤海山东海域情况

4.4.1.3 岸线资源情况

（1）海岸线长度

根据"我国近海海洋综合调查与评价专项"山东省海岸线修测调查成果，山东省海岸线长度见表4.16，山东省海岸线分布见图4.26。

表4.16 山东省沿海各市海岸线长度一览表（含黄海）

沿海市	海岸线长度（km）	备注
滨州	88	漳卫新河至潮河的沾化—河口海岸分界处
东营	413	潮河至小清河北的广饶—寿光海岸分界处
潍坊	149	小清河至胶莱河的昌邑—莱州海岸分界处
烟台	765	胶莱河至初村北牟平—环翠海岸分界的北部海岸线长度530 km；乳山湾的乳山—海阳海岸分界处至丁字湾莱阳—即墨海岸分界处的南部海岸线长度235 km
威海	978	牟平—环翠海岸分界至乳山湾的乳山—海阳海岸分界处
青岛	785	莱阳—即墨海岸分界至王家滩胶南—东港海岸分界处
日照	167	胶南—东港海岸分界线处至绣针河口漫水坝
合计	3 345	漳卫新河至绣针河口（漫水坝）

（2）海岸线类型

根据"我国近海海洋综合调查与评价专项"山东省海岸线修测调查成果，人工岸线长度约占全省海岸线总长度的38%；自然岸线长度约占全省海岸线长度的62%。其中，全省海岸线总长度约27%为基岩岸线、约23%为砂质岸线；粉砂淤泥质岸线仅占全省海岸线长度的12%，主要是因为莱州虎头崖以西的粉砂淤泥质海岸普遍修筑了防潮堤坝成为人工岸线。

（3）全省岸线利用状况

根据"我国近海海洋综合调查与评价专项"《海域使用现状调查技术规程》，海岸线利用状况主要包括渔业岸线、交通运输岸线、工矿岸线、旅游娱乐岸线、海底工程岸线、排污倾倒岸线、围海造地岸线、特殊岸线及其他岸线利用类型，岸线利用长度分别为916.914 km、223.75 km、73.4 km、147.2 km、0.15 km、0.94 km、11.3 km、200.43 km和0.46 km。山东省岸线利用总长度为1 584.544 km，占山东省岸线总长度（3 345 km）的47.37%。其中渔业岸线最长，岸线占用率为27.411%；交通运输岸线和特殊岸线分列第二、第三位，岸线占用率分别为6.988%和5.922%。山东省岸线利用分布示意图见图4.27。

通过海域使用情况调查和资料统计分析，山东省海岸线利用状况见表4.17。

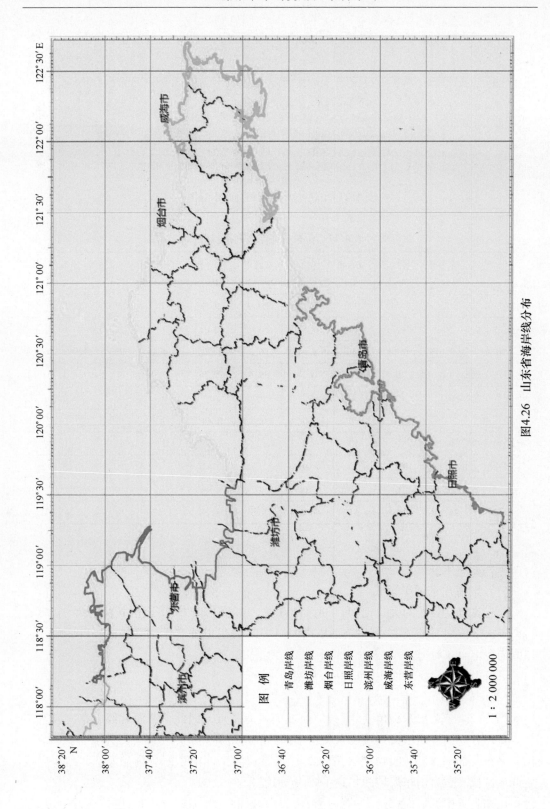

图4.26　山东省海岸线分布

图　例

青岛岸线
潍坊岸线
烟台岸线
日照岸线
滨州岸线
威海岸线
东营岸线

1：2 000 000

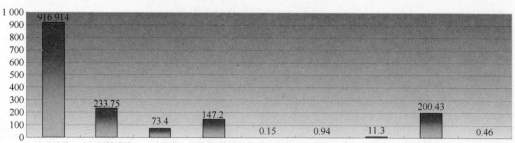

图4.27 山东省岸线利用分布示意图

表4.17 山东省海岸线利用状况 单位：km

沿海市 岸线类型	青岛市 （km）	东营市 （km）	烟台市 （km）	潍坊市 （km）	威海市 （km）	日照市 （km）	滨州市 （km）	合计 （km）	岸线占用率 （%）
渔业岸线	212.57	30.43	300	87.494	251.1	29.58	5.74	916.914	27.411
交通运输岸线	19.88	14.71	100	0.531	86.6	12.03	0	233.75	6.988
工矿岸线	7.61	0.15	10	8.049	46.3	1.29	0	73.4	2.194
旅游娱乐岸线	4.52	0	100	0	39.5	3.18	0	147.2	4.401
海底工程岸线	0.15	0	0	0	0	0	0	0.15	0.004
排污倾倒岸线	0	0	0	0	0.5	0.44	0	0.94	0.028
围海造地岸线	6.85	0	0	0	2	2.45	0	11.3	0.338
特殊岸线	0.52	191.57	0	0	0	2.41	5.93	200.43	5.992
其他岸线	0.46	0	0	0	0	0	0	0.46	0.014
合计	252.56	236.86	510	96.074	426	51.38	11.67	1584.544	47.371

4.4.1.4 近岸海域面积

（1）渤海山东近岸海域

西起冀鲁交界处的大口河口（38°17′00″N、117°51′30″E），至渤黄海分界线以东，海岸突出部位向海推至12海里连线以内海域。12海里以外有管辖岛屿的，自岛屿外侧岸线向海推至3海里。

渤海山东近岸海域面积为$1.19 \times 10^4 \text{ km}^2$。

（2）黄海山东近岸海域

因我国未公布山东高角（1）以北海域的领海基点，因此，黄海北部山东海域暂定自渤黄海分界线以西依次连接山东和辽宁勘界线东边界点、烟台—威海界线终点、威海山东高角北部12海里处与海岸线围成的区域，黄海南部山东海域为领海基线到海岸线之间的区域。黄海山东海域面积约为$2.36 \times 10^4 \text{ km}^2$。

山东省近岸海域面积最大的是烟台市，海域面积11 512.28 km²，占全省海域总面

积的 32.43%；海域面积最小的是滨州市和潍坊市，海域面积分别为 1 334.63 km² 和
1 417.24 km²，仅占全省海域总面积的 3.76% 和 3.99%（表 4.18、图 4.28）。

山东近岸海域的总面积约为 3.55×10^4 km²（图 4.29）。

表 4.18　山东省沿海各地市管辖海域面积统计

地市名称	面积（km²）	面积百分比（%）
青岛	8 445.34	23.79
东营	4 063.08	11.44
烟台	11 512.28	32.43
潍坊	1 417.24	3.99
威海	4 868.71	13.72
日照	3 857.88	10.87
滨州	1 334.63	3.76
合计	35 499.16	100

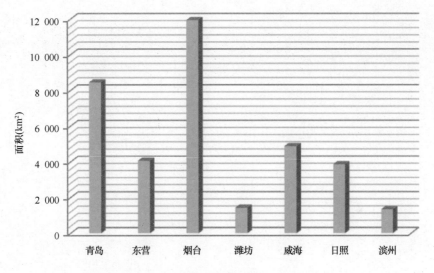

图 4.28　山东省沿海各地市管辖海域面积分布

4.4.1.5　潮间带

山东省大陆海岸潮间带面积合计约 4 394.70 km²，包含了粉砂淤泥质滩、砂质海
滩、基岩岸滩等类型，以粉砂淤泥质滩所占面积最大。山东省沿海各地市潮间带面积统
计和面积对比情况分别见表 4.19 和图 4.30。

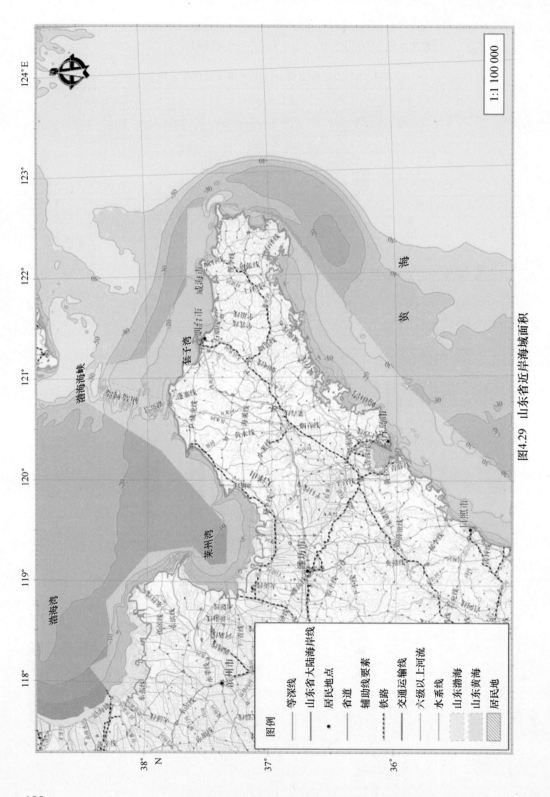

图4.29 山东省近岸海域面积

表 4.19 山东省沿海各地市潮间带面积统计

地市名称	面积（km²）	面积百分比（%）	每千米岸线（km²）
青岛	528.7	12.03	0.674
东营	1 563.9	35.59	3.809
烟台	387.8	8.82	0.512
潍坊	600.0	13.65	3.933
威海	408.5	9.30	0.418
日照	75.0	1.71	0.563
滨州	830.8	18.90	9.333
合计	4 394.70		

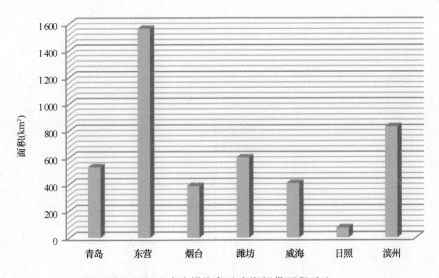

图 4.30 山东省沿海各地市潮间带面积对比

山东省拥有潮间带面积最大的是东营市，潮间带面积 1 563.9 km²，占全省潮间带总面积的 35.59%；其次是滨州市和青岛市，潮间带面积分别为 830.8 km² 和 528.7 km²，分别占全省潮间带总面积的 18.90% 和 12.03%；潮间带面积最小的是日照市，仅 75.0 km²，占全省潮间带总面积的 1.71%。

4.4.2 海域使用状况综述

据山东省海域使用现状调查，截至 2007 年底，全省已经审批确权用海项目 8 007 宗，总用海面积为 272 834.2 hm²。

根据调查结果，从用海项目确权宗数看，以烟台最多，为 4 044 宗；其次是威海市，为 1 819 宗；确权宗数最少的是滨州市，为 108 宗。

从用海面积看，威海市用海面积位居第一，达 78 884.3 hm²，排在二、三位的分别是东营市和烟台市，用海面积分别为 58 635.05 hm² 和 53 218.52 hm²，向下依次为潍坊、青岛、滨州和日照。省政府（简称省直）审批用海面积最小为 3 993.08 hm²。山东省和沿海地市审批用海宗数和用海面积统计结果见表 4.20、图 4.31、图 4.32。

表 4.20　山东省确权用海统计

地区	地市总和（宗）	各地市合计（hm²）
省直	172	3 993.08
青岛市	863	21 376.13
东营市	424	58 635.05
烟台市	4 044	53 218.52
潍坊市	305	29 984.8
威海市	1 819	78 884.3
日照市	272	8 903.5
滨州市	108	17 838.8
山东省合计	8 007	272 834.2

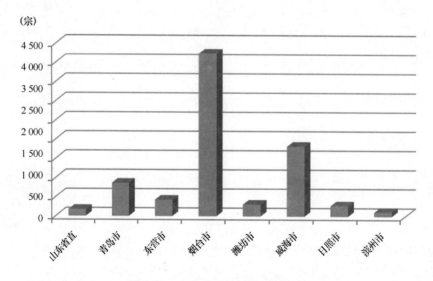

图 4.31　山东省确权用海项目宗数

4.4.3　海域使用结构布局

根据《海域使用分类体系》（国家海洋局，2008 年），对山东省海域使用进行分类整理，得到山东省各用海类型的面积和所占比例。截至 2007 年底，山东省渔业用海所占比重最大，占全部用海的 94.10%，工矿用海占 2.19%，造地工程用海占 1.35%。其后依次为：交通运输用海占 1.12%，特殊用海占 0.59%，海底工程用海占 0.37%，旅游娱乐用海占 0.20%，排污倾倒用海占 0.05%，其他用海占 0.03%。

山东省沿海地市各类用海比重见图 4.33，确权用海类型、面积见表 4.21。

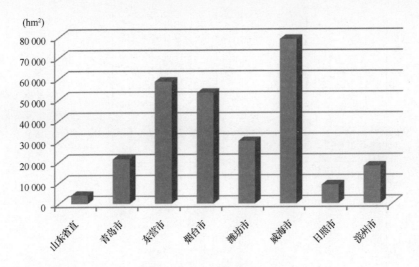

图 4.32 山东确权用海面积

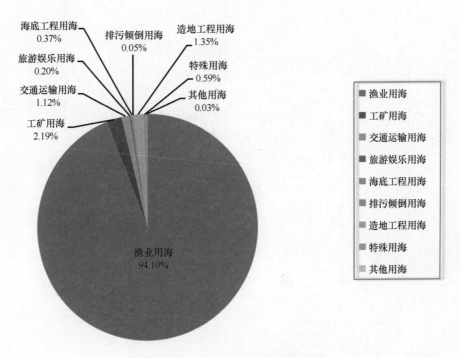

图 4.33 山东省各类用海面积比重

通过对海域使用现状调查,可以看出:山东省海域使用主要以渔业用海为主,用海面积为 256 725 hm²,确权用海数为 7 393 宗,渔业用海所占比重最大,为全部用海面积的 94.10%;工矿用海为 5 971.25 hm²,确权用海数为 193 宗,占全部用海面积的 2.19%;造地工程用海占 1.35%。其后依次为:交通运输用海占 1.12%,特殊用海占 0.59%,海底工程用海占 0.37%,旅游娱乐用海占 0.20%,排污倾倒用海占 0.05%,

表 4.21　山东省用海类型分类统计

面积单位：hm²

地区	渔业用海		工矿用海		交通运输用海		旅游娱乐用海		海底工程用海		排污倾倒用海		造地工程用海		特殊用海		其他用海		合计	
	宗数	面积	宗数	面积	宗数	面积	宗数	面积	宗数	面积	宗数	面积	宗数	面积	宗数	面积	宗数	面积	宗数	面积
省直	4	284.16			2	36.48							165	3 075.79	1	596.65			172	3 993.08
青岛	773	18 600.31	14	581.54	41	1 391.44	9	194.09	3	246.9			15	314.52	4	10.33	4	37	863	21 376.13
东营	240	56 081.8	103	1 395.59	1	147.61			73	564.49			5	281.42	2	164.14			424	58 635.05
烟台	3 972	52 424.26	42	367.32	24	358.21	3	18.57			1	0.22			1	0.23	1	49.71	4 044	53 218.52
潍坊	277	25 810.2	18	3 165.4	5	27.9	1	6.5	1	197.8					2	771.4	1	5.6	305	29 984.8
威海	1 769	77 930.8	14	443.2	22	251.7	4	145.6	2	12.3	1	42.2			7	58.5	1		1 819	78 884.3
日照	250	7 754.81	2	18.2	5	843.6	12	168.1			1	107.5			2	11.3			272	8 903.51
滨州	108	17 838.8																	108	17 838.8
合计	7 393	256 725.1	193	5 971.25	100	3 056.94	29	532.86	79	1 021.49	3	149.92	185	3 671.73	19	1612.55	6	92.31	8 007	272 834.2

其他用海占 0.03%。

从渔业用海的二级类型来说，渔业基础设施用海所占比重较小，养殖用海的面积和宗数较大，但都以粗放型的开放式养殖（设施养殖和底播养殖）为主，池塘养殖和工厂化养殖所占比重较小。

交通运输用海的产业布局跟各地市的区位优势和经济条件是分不开的。港口工程用海以及相配套的港池用海、航道用海和锚地用海在区位条件比较优越的青岛、日照、烟台和威海较多，其他地市较少，沿海各地市需要更进一步优化产业结构布局，发展提升交通运输用海项目的产业比重，促进海洋经济的发展。

山东省工矿用海面积占全省总用海面积的比例较小，从产业运行规律角度看，海洋产业地域性结构差异主要源于资源禀赋状况、经济发展水平、人才技术水平和基础设施水平等方面。沿海各地市应该根据自身的海洋资源禀赋状况，按照集中集约用海规划的要求，调整优化产业布局，使本区域的优势资源得到充分、合理的开发利用，发挥优势条件，做大做强。

山东省的娱乐用海面积和比例都非常小，旅游娱乐用海跟海洋产业结构中的第三产业是紧密相关的，各地市滨海旅游区要做好旅游区整体规划，各旅游线路、项目与周边景园景区的配合要协调，旅游区的发展可以整合海岸带旅游资源，实现沿海城市"宜居、生态"的功能定位，提升旅游区的服务、辐射和带动功能。

2005—2007 年围海用地呈现快速上升的趋势，以省批项目来说，2005 年年底，只有 3 宗围海用地确权项目，确权面积为 18.54 hm^2。截至 2007 年年底，山东省共审批围海造地用海项目 165 宗，确权总面积为 3 075.79 hm^2。审批项目宗数和面积呈现指数倍增长。

4.5 环渤海海域使用及结构布局特点

（1）环渤海各省市依然是海洋渔业大省

环渤海各省市（天津市除外）海域使用主要以渔业用海为主，从渔业用海的二级类型来说，渔业基础设施用海所占比重较小，养殖用海的面积和宗数较大，以开放式养殖（设施养殖和底播养殖）为主。

（2）交通运输用海和工矿用海面积比例较小

交通运输用海和工矿用海的产业布局跟各地市的区位优势和经济条件是分不开的。上述两种类型占总用海面积的比例较小。

（3）围海用地近年呈现快速上升的趋势

从 2000—2010 年"三省一市"围填海速度来看，2000—2005 年山东省围填海速度最快，主要分布于滨州沿海。2005—2008 年河北省围填海速度最快，主要归因于曹妃甸围填海工程。2008—2010 年辽宁省围填海速度最快，主要分布于辽东湾和长兴岛附近；天津市围填海速度也较快，主要归因于天津市滨海新区建设。

（4）污染物排放规范化管理缺失

环渤海各省市纳入管理的排污倾倒用海较少。近年来沿海有一批临海工业用海区，大部分的临海工业选择向入海河流排放污水，污水最终排入海洋，这是海洋污染物的主要来源，然而这种排污很难纳入海域管理系统中，但其对海洋环境影响很大，并且随着海洋经济的发展，更多的海洋垃圾需要海洋倾倒区倾倒，在海洋功能区划修编中需要考虑到，同时要严格海洋执法管理，避免随意倾倒海洋垃圾的行为。

总之，环渤海三省一市仍然是海洋渔业大省，这种海洋产业布局是与环渤海海洋经济发展水平相对应的。一方面随着海洋经济大发展，海洋产业结构也将发生相应的变化；另一方面，海洋产业结构演进也可以衡量经济发展的过程，不同的海洋产业结构有不同的经济效益。而环渤海各省市的海洋产业结构正处在由低级向中级和高级的过渡阶段。海洋产业尚未摆脱资源消耗型的产业格局。海洋产业之间、地区之间发展不平衡。海洋产业结构的未来变化可能多种多样，制定合理的海洋产业结构调整和升级方案，研究单位以及政府部门是可以起到一定作用的。

5 区域海洋经济及海洋产业发展历程

根据中国统计年鉴以及海洋统计年鉴等给出的官方定义，海洋经济是开发利用和保护海洋的各类产业活动以及与之相关联活动的总和；海洋生产总值是海洋经济生产总值的简称，指按市场价格计算的沿海地区常住单位在一定时期内海洋经济活动的最终成果，是海洋产业和海洋相关产业增加值之和。

海洋产业是开发、利用和保护海洋所进行的生产和服务活动，包括海洋渔业、海洋油气业、海洋矿业、海洋盐业、海洋化工业、海洋生物医药业、海洋电力业、海水利用业、海洋船舶工业、海洋工程建筑业、海洋交通运输业、滨海旅游业等主要海洋产业以及海洋科研教育管理服务业。

海洋科研教育管理服务业是开发、利用和保护海洋过程中所进行的科研、教育、管理及服务等活动，包括海洋信息服务业、海洋环境监测预报服务、海洋保险与社会保障业、海洋科学研究、海洋技术服务业、海洋地质勘查业、海洋环境保护业、海洋教育、海洋管理、海洋社会团体与国际组织等。

海洋相关产业是指以各种投入产出为联系纽带，与主要海洋产业构成技术经济联系的上下游产业，涉及海洋农林业、海洋设备制造业、涉海产品及材料制造业、涉海建筑与安装业、海洋批发与零售业、涉海服务业等。

我国的海洋三次产业划分如下。

海洋第一产业是指海洋渔业中的海洋水产品、海洋渔业服务业，以及海洋相关产业中属于第一产业范畴的部门。

海洋第二产业是指海洋渔业中海洋水产品加工、海洋油气业、海洋矿业、海洋盐业、海洋化工业、海洋生物医药、海洋电力业、海水利用业、海洋船舶工业、海洋工程建筑业以及海洋相关产业中属于第二产业范畴的部门。

海洋第三产业是指除海洋第一、第二产业以外的其他行业。第三产业包括海洋交通运输业、滨海旅游业、海洋科研教育管理服务业，以及海洋相关产业中属于第三产业范畴的部门。

5.1 环渤海海洋经济及海洋产业发展历程

5.1.1 全国海洋经济及产业发展历程

根据 2002—2011 年中国海洋统计年鉴统计结果（表 5.1 至表 5.3，图 5.1 至图 5.2），我国海洋经济蓬勃发展，全国海洋生产总值连年上新的台阶，2010 年海洋生产总值高达 39 572.8 亿元，比 2001 年增长了 315.7%，年均增速为 31.57%，增长速度整体远超同期国内生产总值增长速度；从产业结构上看，第一产业产值所占比重不断下降，第二产业所占比重持续上升，第三产业通过调整逐渐稳固，整体海洋经济结构不断优化，到 2010 年，海洋经济三类产业比例关系为 5.1∶47.8∶47.1；海洋相关产业在整个海洋生产总值中所占比重逐年加重，从 2001 年的 39.8% 上升到 2010 年的 42.3%，然而海洋科研教育管理服务业产值却呈现逐年下降的趋势，到 2010 年已经下降到 16.8%，综合考虑到海洋经济三类产业比例关系，建议加强对海洋科研、教育以及管理服务相关产业的经费投入，以科技作为驱动力，促进海洋经济的健康、快速、可持续发展。

表 5.1   全国海洋生产总值

年份	海洋生产总值（亿元）	产业类型			海洋生产总值占国内生产总值的比重（%）	海洋生产总值增长速度（%）
		第一产业	第二产业	第三产业		
2001	9 518.5	646.3	4 152.1	4 720.1	8.68	
2002	11 270.5	730.0	4 866.2	5 674.3	9.37	19.8
2003	11 952.3	766.2	5 367.6	5 818.5	8.80	4.2
2004	14 662.0	851.0	6 662.8	7 148.2	9.17	16.9
2005	17 655.6	1 008.9	8 046.9	8 599.8	9.55	16.3
2006	21 260.4	1 238.6	9 693.1	10 328.7	10.03	16.8
2007	25 073.1	1 377.5	11 361.8	12 333.8	9.74	14.2
2008	29 718.0	1 694.3	13 735.3	14 288.4	9.46	9.8
2009	32 277.5	1 857.7	14 980.3	15 439.5	9.47	9.2
2010	39 572.8	2 008.0	18 935.0	18 629.8	9.86	14.7

表 5.2   海洋及相关产业增加值   单位：亿元

年份	合计	海洋产业	类型		
			主要海洋产业	海洋科研教育管理服务业	海洋相关产业
2001	9 518.4	5 733.6	3 856.6	1 877.0	3 784.8
2002	11 270.5	6 787.3	4 696.8	2 090.5	4 483.2
2003	11 952.3	7 137.3	4 754.4	2 383.3	4 814.6
2004	14 662.0	8 710.1	5 827.7	2 882.5	5 951.9
2005	17 655.6	10 539.0	7 188.0	3 350.9	7 116.6
2006	21 260.4	12 622.2	8 817.2	3 805.0	8 638.2
2007	25 073.0	14 902.0	10 465.1	4 436.9	10 171.0
2008	29 718.0	17 591.2	12 176.0	5 415.2	12 126.8
2009	32 277.6	18 822.0	12 843.6	5 978.4	13 455.6
2010	39 572.2	22 831.0	16 187.8	6 648.1	16 741.7

表5.3 海洋及相关产业增加值构成

年份	海洋产业类型		
	主要海洋产业（%）	海洋科研教育管理服务业（%）	海洋相关产业（%）
2001	40.5	19.7	39.8
2002	41.7	18.5	39.8
2003	39.8	19.9	40.3
2004	39.7	19.7	40.6
2005	40.7	19.0	40.3
2006	41.5	17.9	40.6
2007	41.7	17.7	40.6
2008	41.0	18.2	40.8
2009	39.8	18.5	41.7
2010	40.9	16.8	42.3

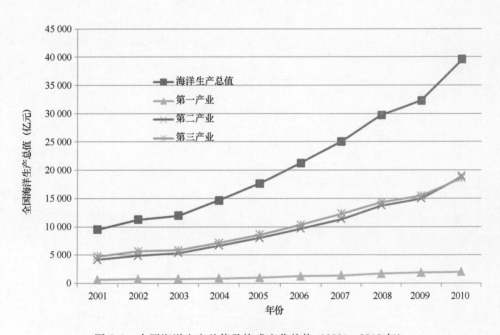

图5.1 全国海洋生产总值及构成变化趋势（2001—2010年）

5.1.2 环渤海区域海洋经济及产业发展历程

根据2006—2011年中国海洋经济统计年鉴（2006年开始发布海洋经济核算表）可知（表5.4、图5.3、图5.4），环渤海区域海洋经济总产值呈现持续快速发展趋势，产业结构不断优化调整，第一产业所占比例关系大致呈现不断下降态势，从2006年的6.32%下降到2010年的5.86%；直到2008年爆发全球经济危机，环渤海经济区海洋经

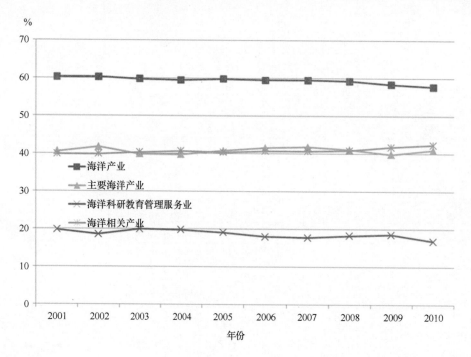

图 5.2　海洋及相关产业增加值构成状况

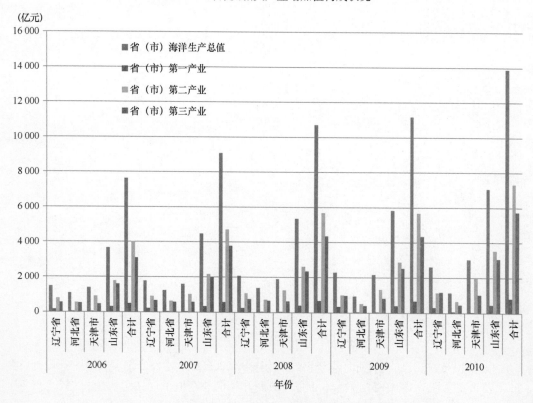

图 5.3　环渤海区域海洋生产总值及构成变化趋势（2006—2010 年）

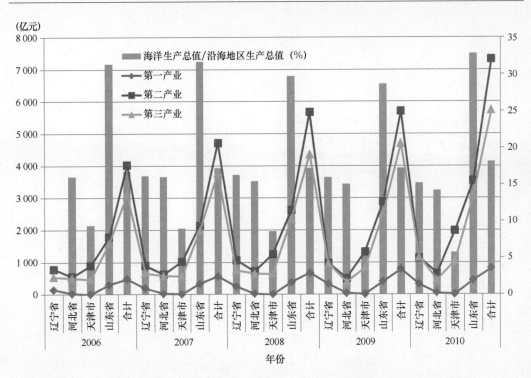

图 5.4　环渤海区域海洋生产总值构成及所占区域产值比重演变趋势（2006—2010 年）

济增速放缓，2009 年海洋生产总值比 2008 年增长 4.45%，占地区生产总值比重达 15.18%，与此同时，第一产业所占比重有所增加。海洋产业增加值为 6 292.6 亿元，海洋相关产业增加值为 4 889.8 亿元。环渤海三大海洋支柱产业中，除海洋交通运输业受金融危机冲击增加值出现下滑，海洋渔业和滨海旅游业依然保持增长态势，三大海洋产业增加值合计达到 3 718.82 亿元，占该地区主要海洋产业增加值的 76.9%。作为海洋第二产业较为发达的区域，环渤海地区海洋第二产业受金融危机的影响更为突出，其中，由于国际油价大跌，海洋油气业降幅较为明显，其增加值与 2008 年相比下降了 36.0%。海洋盐业和海洋化工业增加值也或多或少出现回落。海洋生物医药业、海洋电力业、海水利用业等海洋新兴产业显示了巨大的发展潜力，与 2008 年相比增幅明显。

表 5.4　2006—2010 年环渤海各省市海洋生产总值

年份	省（市）	海洋生产总值（亿元）	第一产业（亿元）	第二产业（亿元）	第三产业（亿元）	海洋生产总值/沿海地区生产总值（%）
	辽宁省	1 478.90	146.4	791.2	541.3	16.0
	河北省	1 092.1	24.8	554.0	513.4	9.4
2006	天津市	1 369.0	3.5	900.9	464.6	31.4
	山东省	3 679.3	306.9	1 786.4	1 585.9	16.7
	合计	7 619.3	481.6	4 032.5	3 105.2	16.12

年份	省（市）	海洋生产总值（亿元）	第一产业（亿元）	第二产业（亿元）	第三产业（亿元）	海洋生产总值/沿海地区生产总值（%）
2007	辽宁省	1 759.9	198.0	899.0	662.9	16.0
	河北省	1 232.9	23.1	633.7	576.1	9.0
	天津市	1 601.0	5.0	1 031.6	564.4	31.7
	山东省	4 477.9	340.1	2 155.8	1 982.0	17.2
	合计	9 071.7	566.2	4 720.1	3785.4	16.26
2008	辽宁省	2 074.4	252.0	1 073.8	748.6	15.4
	河北省	1 396.7	26.6	717.8	652.3	8.6
	天津市	1 888.8	4.3	1 255.0	629.5	29.7
	山东省	5 346.3	384.9	2 629.1	2 332.3	17.2
	合计	10 706.2	667.8	5 675.7	4 362.7	15.94
2009	辽宁省	2 281.2	330.8	982.8	967.6	15.0
	河北省	922.9	37.1	503.4	382.4	5.4
	天津市	2 158.0	5.1	1 329.3	823.6	28.7
	山东省	5 820.2	406.6	2 890.8	2 522.6	17.2
	合计	11 182.3	779.6	5 706.3	4 696.2	15.18
2010	辽宁省	2 619.6	315.8	1 137.1	1 166.7	14.2
	河北省	1 152.9	47.1	653.8	452.1	5.7
	天津市	3 021.5	6.1	1 979.7	1 035.7	32.8
	山东省	7 074.5	444.0	3 552.2	3 078.3	18.1
	合计	13 868.5	813	7 322.8	5 732.8	15.95

5.2 辽宁省海洋经济及海洋产业发展历程

5.2.1 海洋经济发展历程

统计分析数据来自1978—2010年的《辽宁省统计年鉴》。

1）辽宁省1978—2010年国内生产总值（GDP）变化

辽宁省是国家提出"振兴东北老工业基地"的重要省份，面对这一难得的历史机遇，辽宁省坚决贯彻落实中央宏观调控方针政策，树立科学发展观，努力提高经济增长质量，一个中心、两大基地、三大产业建设成效明显，已建成国家现代装备制造业和重要原材料工业基地，形成优势明显的支柱产业和一批在国际竞争中具有较强实力的大型骨干企业，实现大中小型企业协调发展。进入2000年以后，辽宁省的经济一直保持着平稳快速的增长态势。辽宁省GDP及组成见表5.5。

（1）1978—2000 年，辽宁省 GDP 由 229.2 亿元增长到 4 669.1 亿元，人均生产总值从 1978 年的 680 元增加到 2000 年的 11 177 元，GDP 总体增长 4 439.9 亿元，增长了20.37 倍，年均增幅也高达 193.03%。

（2）2001—2005 年，辽宁省 GDP 由 5 033.1 亿元增长到 8 009 亿元，经济保持平稳增长。

（3）2006—2010 年，辽宁省 GDP 由 9 251.2 亿元增长到 18 457.3 亿元，增长了 2倍。尽管辽宁省的经济持续快速增长，但是从全国范围看，辽宁经济发展仍然处于中等水平，以 2009 年为例，辽宁的人均 GDP 为 35 239 元/人，低于上海、北京、天津、浙江、江苏、山东、广东，仅位于第八位。2010 年，辽宁地区生产总值达 18 457.3 亿元，同比增长 21.4%。从 2007 年地区生产总值首次突破万亿到现在的 1.8 万亿元，3 年时间，辽宁经济总量增长 80% 多。2010 年，辽宁地区生产总值蝉联全国第七，增幅高于全国平均水平 3.8 个百分点。

表 5.5　辽宁省 GDP 及组成变化一览表（1978—2010 年）

年份	GDP 生产总值（亿元）	产业类型			人均生产总值（元）
		第一产业（亿元）	第二产业（亿元）	第三产业（亿元）	
1978	229.2	32.4	162.9	33.9	680
1979	245	40.7	166.4	37.9	717
1980	281	46.1	192.3	42.6	811
1981	288.6	49.1	187.5	51.9	823
1982	315.1	54.7	199.7	60.7	884
1983	364	72.2	219.7	72.1	1 012
1984	438.2	80.4	268.2	89.6	1 203
1985	518.6	74.9	328.1	115.6	1 413
1986	605.3	92.9	357.8	154.6	1 633
1987	719.1	109.5	417	192.6	1 917
1988	881	141.9	492.5	246.6	2 285
1989	1 003.8	141.9	545.1	316.9	2 574
1990	1 062.7	168.6	540.8	353.3	2 698
1991	1 200.1	180.8	590.1	429.2	3 027
1992	1 473	194.6	741.9	536.5	3 693
1993	2 010.8	260.8	1 039.3	710.8	5 015
1994	2 461.8	319	1 259.1	883.8	6 103
1995	2 793.4	392.2	1 390	1 011.2	6 880
1996	3 157.7	474.1	1537.7	1 145.9	7 730
1997	3 582.5	474.4	1743.9	1 364.2	8 725
1998	3 881.7	531.5	1 855.2	1 495.1	9 415
1999	4 171.7	520.8	2 001.5	1 649.4	10 086
2000	4 669.1	503.4	2 344.4	1 821.2	11 177

年份	GDP生产总值（亿元）	产业类型			人均生产总值（元）
		第一产业（亿元）	第二产业（亿元）	第三产业（亿元）	
2001	5 033.1	544.4	2 440.6	2 048.1	12 015
2002	5 458.2	590.2	2 609.9	2 258.2	13 000
2003	6 002.5	615.8	2 898.9	2 487.9	14 270
2004	6 672	798.4	3 061.6	2 812	15 835
2005	8 009	882.4	3 953.3	3 173.3	18 983
2006	9 251.2	976.4	4 729.5	3 545.3	21 788
2007	1 1023.5	1 133.4	5 853.1	4 037	25 729
2008	13 461.6	1 302	7 512.1	4 647.5	31 258
2009	15 212.5	1 414.9	7 906.3	5 891.3	35 149
2010	18 457.3	1 631.1	9 976.8	6 849.4	42 355

2）辽宁沿海各市 1995—2009 年 GDP 及产业总值变化（表 5.6、图 5.5）

1995 年，辽宁沿海城市 GDP 为 856.98 亿元，占全省 GDP 比例为 30.68%；2000 年，沿海城市 GDP 为 1 376.35 亿元，占全省 GDP 比例为 29.48%；2005 年，沿海城市 GDP 为 3 980.92 亿元，占全省 GDP 比例为 49.71%；2009 年，沿海城市 GDP 为 7 613.74 亿元，占全省 GDP 比例为 50%；从统计数据来看：1980—2009 年辽宁沿海各市经济保持持续稳定增长，2003 年，所占比例大幅增加，比 2002 年高出 19.73%，截至 2009 年，辽宁沿海各市的 GDP 占辽宁全省 GDP 的 50%，可见沿海地区在辽宁省国民经济发展中占有重要地位。

表 5.6　辽宁省及沿海城市 GDP（1995—2009 年）

年份	辽宁省 GDP（亿元）	沿海城市 GDP（亿元）	沿海城市 GDP 占全省比例（%）
1995	2 793.37	856.98	30.68
1996	3 157.69	942.90	29.86
1997	3 582.46	1 084.52	30.27
1998	3 881.74	1 157.75	29.83
1999	4 171.70	1 235.29	29.61
2000	4 669.06	1 376.35	29.48
2001	5 033.08	1 556.26	30.92
2002	5 458.30	1 631.50	29.89
2003	6 002.54	2 978.65	49.62
2004	6 672.65	3 500.58	52.46
2005	8 009.00	3 980.92	49.71
2006	9 257.05	4 729.90	51.10
2007	11 023.50	5 145.20	46.67
2008	13 461.60	6 258.50	46.49
2009	15 212.5	7 613.74	50.00

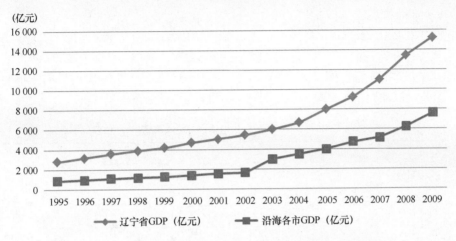

图 5.5　辽宁省及沿海城市 GDP（1995—2009 年）变化趋势

2009 年，大连市的人均 GDP 达到了 74 376 元/人，远高于省会城市沈阳及其他地市，成为全省经济增长的龙头。盘锦市的人均 GDP 达到了 52 067 元/人，仅次于大连市，位于全省的第二位，亦高于全省的平均水平（35 239 元/人）。而营口、丹东、锦州、葫芦岛 4 个沿海城市仅排在省内的 8～11 位，位于全省的中下游水平。

截至 2009 年，沿海 6 市的工业总产值及增加值均有较大幅度的增长。其中丹东、盘锦、营口三市的工业生产总值分别从 1980 年的 23.5 亿元、11.8 亿元及 31.9 亿元攀升到 2009 年的 246.92 亿元、374.09 亿元及 414.16 亿元，年均增长率分别达到 20.9%、31.5% 及 23.3%；与之对应的工业增加值也从 1980 年的 7.4 亿元、4.7 亿元及 8.1 亿元增长到 2009 年的 144.1 亿元、350.1 亿元及 229 亿元，年均增长率分别为 20.4%、30.9% 及 23.2%。

全省的农业总产值从 2000 年的 463.5 亿元增长到 2009 年的 913.5 亿元，年均增长率达到 11.3%。其中 2009 年大连农业总产值达到 150.5 亿元，位居沿海六市之首。以渔业为主的城市主要涵盖丹东、大连、盘锦三市，而葫芦岛、锦州则以牧业为主，营口的牧业与渔业基本持平。

3）辽宁各沿海市（渤海）2006—2007 年海洋经济总产值

2006 年全省海洋经济总产值完成 1 468.6 亿元，其中，大连市实现 850 亿元，占全省海洋经济总产值的 57.9%；锦州市 110.4 亿元，占 7.5%；营口市 115.1 亿元，占 7.8%；盘锦市 110 亿元，占 7.5%；葫芦岛市 145.7 亿元，占 9.9%（见表 5.7）。全省海洋经济增加值完成 831.2 亿元，占全省生产总值的 9%，其中，大连市 485 亿元，占全省海洋经济增加值的 58.4%；锦州市 60.1 亿元，占 7.2%；营口市 65 亿元，占 7.8%；盘锦市 59.8 亿元，占 7.2%；葫芦岛市 85.5 亿元，占 10.3%。

2007 年全省海洋经济总产值完成 1 760.5 亿元，比 2006 年的 1 468.6 亿元增加了 291.9 亿元，增长率为 19.9%。其中大连市 980 亿元，占全省海洋经济总产值的 55.7%；锦州市 132.1 亿元，占 7.5%；营口市 137.8 亿元，占 7.8%；盘锦市 151.3 亿元，占 8.6%；葫芦岛市 199.9 亿元，占 11.4%。

2006 年和 2007 年全省海洋经济增加值分别完成 831.2 亿元和 981.6 亿元，分别占全省生产总值的 9% 和 8.9%，同比增长率达到 18.7% 和 18.1%。在 2007 年海洋经济增加值中，大连市所占比例最大，占一半以上，达 55.8%；其次是葫芦岛市和丹东市、盘锦市、营口市和锦州市，分别为 11.4%、9.1%、7.9% 和 7.3%。

表 5.7　2006—2007 年辽宁省沿海各市海洋经济总产值统计

地区	2006 年			2007 年		
	海洋经济总产值（亿元）	排位	占全省海洋经济总产值的比重（%）	海洋经济总产值（亿元）	排位	占全省海洋经济总产值的比重（%）
大连市	850	1	57.9	980	1	55.7
葫芦岛市	145.7	2	9.9	199.9	2	11.4
盘锦市	110	6	7.5	151.3	4	8.6
营口市	115.1	4	7.8	137.8	5	7.8
锦州市	110.4	5	7.5	132.1	6	7.5
合计	1 468.6	—	—	1 760.5	—	—

备注：数据来源于 2006 年和 2007 年辽宁省海洋经济统计公报。

2008 年全省海洋经济主要产业总产值完成 2 051.4 亿元，增加值完成 1 144.8 亿元，分别比 2007 年增长 16.5% 和 16.6%。沿海六市中，大连市继续扮演领军角色，该市海洋经济对全省的贡献已逾 50%。其中海洋渔业总产值实现 689.4 亿元，增长 11.8%；增加值 346.1 亿元，增长 14.9%。海洋盐业实现产值 5.66 亿元，增长 2.2%；增加值 2.34 亿元，增长 7.8%。海洋船舶工业实现产值 419 亿元，增长 35%。海洋交通运输业实现营运收入 153.7 亿元，增长 3%。其中港口货物吞吐量完成 4.88×10^8 t，外贸货物吞吐量 1.2×10^8 t，集装箱吞吐量 743.9×10^4 TEU，分别增长 17.3%、2.1% 和 27%。滨海旅游业外汇收入增长 27%，接待旅游人数增长 25.7%。海洋新兴产业中，海洋化工业总产值实现 15.2 亿元，海洋生物医药业总产值实现 2.8 亿元，海水综合利用业总产值实现 44.7 亿元。新兴海洋产业起点高、发展速度快，正在成为海洋经济新的增长点。

5.2.2　海洋产业发展历程

（1）1996—2005 年

根据中国海洋统计年鉴数据，1996—2005 年辽宁省沿海地区主要海洋产业总产值呈逐年增长的趋势（表 5.8、图 5.6），2005 年，海洋产业总产值达到 1 039.91 亿元，是 1996 年的近 5 倍，海洋渔业及相关产业总产值也呈现逐年增长的趋势。2005 年以前，辽宁省主要海洋产业中海洋渔业、海洋船舶工业、海洋交通运输业和海洋旅游业所占比重较大，海洋油气和海洋盐业所占比重较小，海洋化工、海洋生物医药、海洋工程建筑都是 2003 年以后的新兴产业。

表 5.8 1996—2005 年辽宁省沿海地区主要海洋产业总产值（亿元）

年份	合计	海洋渔业及相关产业	海洋石油和天然气	海洋盐业	海洋化工	海洋生物医药	海洋船舶工业	海洋工程建筑	海洋交通运输	滨海旅游
1996	207.52	115.25	1.52	4.03	0	0	43.99	0	28.8	13.93
1997	263.3	141.64	2.24	21.17	0	0	55.82	0	27.65	14.78
1998	275.5	168.57	2.45	3.26	0	0	58.6	0	29.13	13.49
1999	277.97	192.35	3.03	4.56	0	0	51.79	0	10.4	15.84
2000	326.58	211.3	4.92	4.42	0	0	47.23	0	37.48	21.23
2001	362.37	245.8	2.42	4.51	0	0	60.34	0	21.95	27.35
2002	459.33	299.95	2.26	4.24	0	0	73.45	0	48.85	30.58
2003	543.41	417.44	3.67	2.85	0	0	0	0	95	24.45
2004	932.23	446.04	3.21	5.06	14.88	1.37	108.42	29.6	120	203.65
2005	1 039.91	490.59	5.31	6.32	19.02	1.78	169	30	93.11	224.78

备注：数据来源于中国海洋统计年鉴。

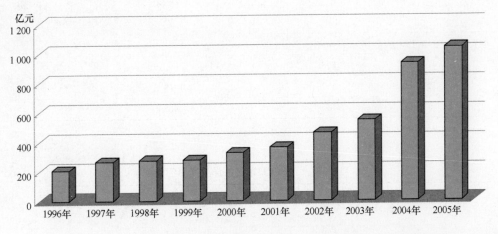

图 5.6 1996—2005 年辽宁省沿海地区主要海洋产业总产值年度变化趋势

辽宁省是海洋大省，海洋资源比较丰富。2005 年主要海洋产业总产值 1 039.91 亿元，实现增加值 291.04 亿元，增长较快，但主要海洋产业总产值占全国的比例仅为 5.0%～6.8%，说明辽宁在海洋经济上发展比较缓慢。其中海洋渔业占据了总产值的 48%～77%，海洋水产、海洋船舶工业、海洋交通运输和沿海旅游 4 个产业占全省海洋总产值的 98%。

（2）2006—2009 年（表 5.9、表 5.10、图 5.7）

2006 年，辽宁沿海地区海洋生产总值为 1 478.9 亿元，其产值占沿海地区生产总值的比重为 16.0%，其中第一产业 146.4 亿元，占总产值的 9.9%；第二产业 791.2 亿元，占总产值的 53.5%；第三产业 541.3 亿元，占总产值的 36.6%。

2007 年，辽宁沿海地区海洋生产总值为 1 759.8 亿元，其产值占沿海地区生产总值的比重为 16.0%，其中第一产业 198 亿元，占总产值的 11.2%；第二产业 899 亿元，占总产值的 51.1%；第三产业 662.9 亿元，占总产值的 37.7%。

2008 年，辽宁沿海地区海洋生产总值为 2 074.4 亿元，其产值占沿海地区生产总值的比重为 12.1%，其中第一产业 252 亿元，占总产值的 14.5%；第二产业 1073.8 亿元，占总产值的 51.8%；第三产业 748.6 亿元，占总产值的 36.1%。

2009 年，辽宁沿海地区海洋生产总值为 2 281.2 亿元，其产值占沿海地区生产总值的比重为 15.0%，其中第一产业 330.8 亿元，占总产值的 14.5%；第二产业 982.8 亿元，占总产值的 43.1%；第三产业 967.6 亿元，占总产值的 42.4%。

从表 5.9 的数据来看，2006—2009 年辽宁省沿海地区生产总值呈上升趋势，从 2006 年的 1 478.9 亿元增长到 2009 年的 2 281.2 亿元。从表 5.10 可见，第一产业的比重不断增大，由 2006 年的 9.9% 增加到 2009 年的 14.5%，第三产业的比重也有所增加，由 2006 年的 36.6% 增加到 2009 年的 42.4%；第二次产业的比重呈下降趋势，2009 年与 2006 年相比降低 10.4%。产业比例从大到小为"二、三、一"，可见产业结构还不尽合理。

表 5.9　2006—2009 年辽宁沿海地区海洋生产总值

年份	沿海地区海洋生产总值（亿元）	第一产业（亿元）	第二产业（亿元）	第三产业（亿元）	海洋生产总值占沿海地区生产总值比重（%）
2006	1 478.9	146.4	791.2	541.3	16
2007	1 759.8	198	899	662.9	16
2008	2 074.4	252	1 073.8	748.6	15.4
2009	2 281.2	330.8	982.8	967.6	15.0

备注：数据来源于 2008 年中国海洋年鉴。

表 5.10　辽宁沿海地区海洋生产总值构成

年份	海洋生产总值（%）	第一产业（%）	第二产业（%）	第三产业（%）
2006	100	9.9	53.5	36.6
2007	100	11.2	51.1	37.7
2008	100	12.1	51.8	36.1
2009	100	14.5	43.1	42.4

数据来源：2008 年中国海洋年鉴。

孙才志等对辽宁省海洋产业结构进行的系统研究表明：首先，从辽宁三次海洋产业比重来看，1994—2004 年基本上呈"一、二、三"的结构序列，海洋第一、第二、第三产业比例为 45.0：36.2：18.8，低于全国平均水平 40：25：35；海洋第一产业比重明显偏高，海洋产业结构仍未摆脱传统的结构模式；海洋第二产业发展缓慢，在海洋产业总产值中的比重在 35% ~40% 之间跳跃，且水产品加工业还在海洋第二产业中占相当大的比例；海洋第三产业的比重处于不稳定的变动中，但从总体上来看其所占比重呈缓慢增长趋势。2001 年后海洋第三产业所占比重有了较快的增长，2003 年由于"非典"原因影响了滨海旅游

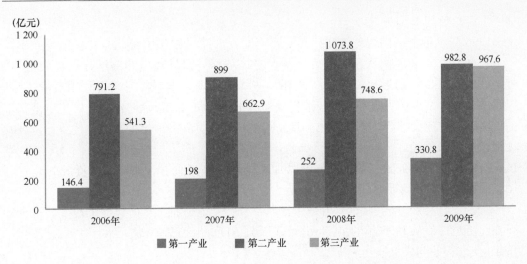

图 5.7 2006—2009 年辽宁沿海地区海洋生产总值构成

业的产值。2004 年和 2005 年所占比重比 2003 年快速增加，这反映了辽宁省滨海旅游业处在快速发展时期。随着沿海造船业、海洋运输业以及滨海旅游业的发展，海洋第二产业和第三产业的比重必将有所增加。其次，从三次海洋产业对辽宁省 GDP 的平均贡献率来看，海洋第一产业和第二产业分别为 6.71% 和 6.96%，而第三产业的贡献率只有 4.70%，且波动较大，这说明辽宁的海洋第一和第二产业对经济增长的推动作用较大，第三产业次之。最后，从传统海洋产业和新兴海洋产业产值对比分析来看，辽宁的传统和新兴海洋产业的产值比为 64：25.4，低于全国平均水平 68.5：31.5，传统海洋产业仍居主体地位，新兴海洋产业的产值虽然增加较快，但所占比重没有明显提升，基本上保持在 25% 左右。究其原因是辽宁的海洋科技水平还比较低，还不能迅速、大规模地孵化出新兴海洋产业，从而阻滞了新兴海洋产业的发展。

朴子润在《辽宁省产业结构时空变化分析》一文中用罗伦兹曲线和集中化指数对辽宁省 2000 年与 2010 年产业结构进行时空分析，结果表明：从时间上看，2000—2010年辽宁省三大产业集中化程度上升，第二产业比重增大，辽宁省各地区产业结构升级和转化能力增强；从空间上看，集中化程度高的城市主要位于辽宁省中部，集中化程度较低的城市主要位于辽宁省北部和西部。辽宁省应利用独特的区位优势和国家振兴东北的大好时机，在保持第二产业稳定发展的同时，降低第一产业构成比例，加快第三产业升级，提高第三产业比例构成。产业结构不断优化升级，促使辽宁经济持续快速发展。

5.3 河北省海洋经济发展历程

5.3.1 改革开放至"九五"时期（1978—2000 年）

1978 年改革开放至"八五"期间，河北省沿海地区随着开放开发，海洋经济有了一定的发展，但海洋经济总量较低。1995 年，海洋产业总产值达 40.26 亿元，占全省地区生产总值的 1.41%。

1996 年《河北省国民经济和社会发展"九五"计划和 2010 年远景目标纲要》确立了"科教兴冀"和"两环开放带动"两大主体战略。以软环境和路港建设为突破口，带动区域投资热点的形成，促进"两环"一线地区率先发展。河北省利用沿海优势，以建设北方大型港群为中心，加快港口及临港工业与贸易的发展。沿海地区走以港兴市的道路，通过建设港群，带动兴建一批新兴港口城市，在产业上突出港口优势，重点发展钢铁、化工、建材、旅游及海洋产业，发展沧州化工城、南堡化工区、京唐港开发区、秦皇岛海滨旅游区、秦唐沧海产品加工基地及临港工业，抓好海洋资源的开发利用，发展海洋经济，形成了沿海产业带。

"九五"时期，随着"两环开放带动"战略的实施，推动了海洋经济的发展。全省海洋经济总产值从 1995 年的 40.26 亿元上升到 2000 年的 69.19 亿元（图 5.8），按当年价年均增长 11.44%。

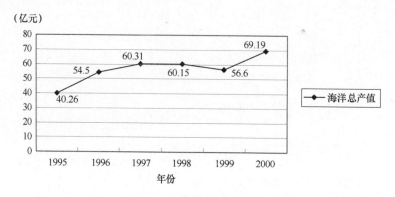

图 5.8 1995—2000 年河北省海洋总产值
数据来源：中国海洋统计年鉴（1996—2001）

这一时期，海洋经济虽有较快发展，但海洋经济总产值规模还比较小，占全省地区生产总值的比重仍较低，2000 年海洋经济总产值占全省地区生产总值的比重仅为 1.36%（表 5.11）。

表 5.11 1995—2000 年河北省海洋总产值及占 GDP 的比重

年份	海洋经济产值（亿元）	全省生产总值（亿元）	占全省 GDP 的比重（%）
1995	40.26	2 849.50	1.41
1996	54.50	3 453.00	1.58
1997	60.31	3 953.80	1.53
1998	60.15	4 256.00	1.41
1999	56.60	4 569.20	1.24
2000	69.19	5 089.00	1.36

数据来源：中国海洋统计年鉴（1996—2001）。

5.3.2 "十五"时期（2001—2005 年）

"两环开放带动"战略的实施，全面扩大了对外对内开放，促进了河北省经济的较快发展，对推动全省经济发展以及海洋经济大发展发挥了重要作用。但是两环战略实施并不深入，2000 年 6 月在《河北省人民政府印发关于深入实施"两环开放带动"战略意见的通知》（冀政〔2000〕24 号）中明确指出，"但也应清醒地看到，与环渤海省市和其他沿海先进省市比，还有很大差距，主要是对外开放还处在数量扩张阶段，总体水平还不够高，尚未形成对产业结构升级的明显拉动，对经济发展的带动作用不够大"。2004 年 4 月，河北省人民政府印发了《河北省海洋经济发展规划》。海洋经济发展规划确定了以港口及临港产业大基地、大项目建设为重点，大力发展重化工业、电力工业、机电设备制造业；以重大工程建设为龙头，通过科技进步，调整、改造、提升传统海洋产业，加快发展旅游服务业，壮大海洋油气业、海洋服务业和海水直接利用业等新兴产业，加快进行海洋药物、海洋能的开发试验，逐步形成具有河北特色的海洋产业体系的发展方向。并根据海洋资源条件和开发利用现状，突出主导产业，因地制宜，确定了以滨海旅游和加工业为主导的秦皇岛经济区、以临港重化工为主导的唐山经济区和以滨海化工业为主导的沧州经济区的海洋经济区域布局。2004 年 8 月，省政府召开了河北省海洋经济工作会议，就如何贯彻落实《河北省海洋经济发展规划》进行了详细部署。沿海市也加快了海洋经济发展规划的编制进度，唐山市编制了《唐山市海洋经济发展战略规划》，沧州市组织编制了《沧州市海洋经济发展规划》。

这一时期，在沿海地区重点开发了唐山曹妃甸。2001 年，河北省"十五"计划纲要提出"加快曹妃甸深水泊位前期工作，争取早日开工"；2002 年，唐山市委、市政府明确将曹妃甸工程确定为全市"四大兴市工程"之首，举全市之力开发建设；2003 年 3 月，河北省委、省政府把开发建设曹妃甸确定为全省"一号工程"；2004 年 12 月，国务院原则通过了包括曹妃甸进口矿石码头、原油码头在内的《渤海湾区域沿海港口建设规划》；2005 年 2 月，国家发改委正式批复《关于首钢实施搬迁、结构调整和环境治理的方案》，首钢正式落户曹妃甸；2005 年 10 月，曹妃甸工业区被列为国家第一批发展循环经济试点产业园区。

随着"两环开放带动"战略的进一步深入推动和海洋经济发展规划的实施，河北省海洋经济有了较快发展，2001 年海洋经济产值达 82.62 亿元，到 2005 年增长到324.58 亿元（图 5.9），按当年价年均增长 40.79%。

随着海洋经济的快速发展，海洋经济总体规模也迅速上升，"十五"时期河北省海洋产业总产值占全省地区生产总值的比重从 2001 年的 1.48% 上升到 2005 年的 3.21%（表 5.12）。

表 5.12　2001—2005 年河北省海洋经济产值

年份	海洋经济产值（亿元）	全省生产总值（亿元）	占全省 GDP 的比重（%）
2001	82.62	5 577.80	1.48
2002	127.30	6 076.60	2.09

年份	海洋经济产值（亿元）	全省生产总值（亿元）	占全省 GDP 的比重（%）
2003	182.50	7 098.56	2.57
2004	279.24	8 768.79	3.18
2005	324.58	10 116.60	3.21

数据来源：中国海洋统计年鉴（2002—2006）。

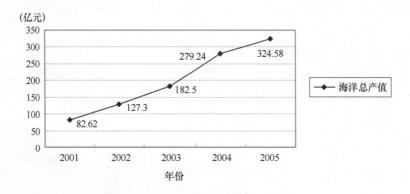

图 5.9　2001—2005 年河北省海洋总产值

数据来源：中国海洋统计年鉴（2002—2006）

5.3.3　"十一五"时期（2006—2010 年）

2006 年 11 月，河北省提出建设沿海经济社会发展强省战略目标，深入贯彻落实科学发展观，加快转变发展方式，调整优化经济结构，充分发挥沿海地区优势，加快工业向沿海转移，推动沿海经济带加速崛起，实现沿海与腹地优势互补、协调发展。2010年 10 月 22 日，河北省人民政府印发了《关于加快沿海经济发展促进工业向沿海转移的实施意见》，10 月 26 日，河北省委、省政府在曹妃甸工业区召开全省加快推进沿海地区开发建设工作会议，会议确定了秦皇岛、唐山、沧州三市海岸线上的 11 个县（市、区）作为加快沿海地区开发建设的重点，标志着河北将进一步落实环渤海战略，推动沿海重点区域率先跨越发展，加快打造沿海经济隆起带。

继"十五"之后，河北省继续加快曹妃甸新区的开发建设。2006 年 3 月，曹妃甸工业区被列入国家"十一五"发展规划。2008 年 1 月 25 日，《曹妃甸循环经济示范区产业发展总体规划》经国务院批准，由国家发改委正式批复。为整合区域资源，发挥整体合力，2009 年 3 月，成立了曹妃甸新区，曹妃甸新区辖曹妃甸工业区、南堡经济开发区、唐海县和曹妃甸新城，规划面积 1 943 km²，陆域海岸线约 80 km。按照国务院批准的曹妃甸循环经济产业发展规划，曹妃甸确立了以现代物流、钢铁、石化、装备制造、高新技术等五大产业为主导，电力、海水淡化、建材、环保等关联产业循环配套，信息、金融、旅游等现代服务业协调发展的循环经济型产业体系。

这一时期，除了继续曹妃甸新区开发建设外，还重点开发了沧州渤海新区。"十一五"期间，渤海新区地区生产总值从 2005 年的 94 亿元增加到 2009 年的 240 亿元，占整个沧州地区生产总值的比重从 2005 年的 8% 上升到 2009 年的 13%。2009 年渤海新区第一产业完成增加值 17 亿元，第二产业完成增加值 133 亿元，第三产业完成增加值 90 亿元。财政收入从 2005 年的 8.5 亿元，增加到 2009 年的 37.1 亿元；占沧州市财政收入比重从 2005 年的 10.3%，增加到 2009 年的 17.5%。2010 年完成地区生产总值 308 亿元，同比增长 16%；全社会固定资产投资 370 亿元，同比增长 32.2%；全部财政收入 52.5 亿元，同比增长 41.5%。渤海新区经济实力迅速增长，表现出强劲的发展势头。

"十一五"时期，河北省海洋经济规模迅速扩大（为了与现行统计接轨，从 2006 年起，国家海洋经济统计执行了新标准《海洋及相关产业分类（GB/T 20794—2006）》，与 2006 年以前的统计口径有所不同）。2006—2010 年河北省海洋经济状况（表 5.13）表明，可知 2006 年河北省海洋生产总值达到 1 092.1 亿元，到 2008 年上升到 1 396.6 亿元；由于受全球金融危机的影响，2009 年海洋经济总值下降到 922.9 亿元，2010 年有所回升，达到 1 152.9 亿元，但仍未达到 2008 年的水平；海洋生产总值占全省 GDP 比重由 2006 年的 9.4% 下降到 2010 年的 5.7%。2006—2010 年，海洋生产总值年均增长率为 1.36%，其中，海洋第一产业增加值从 24.8 亿元增长到 47.1 亿元，年均增长率为 17.39%；海洋第二产业增加值从 554.0 亿元增长到 653.8 亿元，年均增长率为 4.23%；海洋第三产业增加值从 513.4 亿元下降到 452.1 亿元，年均增长率为 –3.13%。海洋一、二、三次产业比重由 2006 年的 2.3∶50.7∶47.0 转变为 4.1∶56.7∶39.2，海洋产业结构呈现"二、三、一"型。

表 5.13 2006—2010 年河北省海洋经济状况

年份	海洋生产总值（亿元）	占全省GDP比重（%）	海洋第一产业		海洋第二产业		海洋第三产业	
			增加值（亿元）	占海洋总值比重（%）	增加值（亿元）	占海洋总值比重（%）	增加值（亿元）	占海洋总值比重（%）
2006	1 092.1	9.4	24.8	2.3	554.0	50.7	513.4	47.0
2007	1 232.9	9.0	23.1	1.9	633.7	51.4	576.1	46.7
2008	1 396.6	8.6	26.1	1.9	717.8	51.4	652.3	46.7
2009	922.9	5.4	37.1	4.0	503.4	54.6	382.4	41.4
2010	1 152.9	5.7	47.1	4.1	653.8	56.7	452.1	39.2

数据来源：中国海洋统计年鉴（2007—2011）。

5.4 天津市海洋经济发展历程

5.4.1 海洋经济发展历程

5.4.1.1 滨海新区产业类型和 GDP 变化

滨海新区 1993 年才开始发布 GDP 统计年鉴，之前数据由于前后出处依据不一致此处不再分析，从 1993 年到 2010 年天津市滨海新区 GDP 及产业构成情况（表 5.14、图 5.10）可以看出以下变化。

表 5.14　滨海新区 GDP 及构成（1993—2010 年）

年份	GDP（亿元）				人均 GDP（万元/人）	备注
	第一产业	第二产业	第三产业	总量		
1993	2.43	74.09	35.84	112.36	1.23	
1994	3.36	114.55	50.75	168.66	1.84	
1995	4.74	166.9	70	241.64	2.60	
1996	4.84	224.78	90.67	320.29	3.43	
1997	4.9	262.72	114.42	382.04	4.08	
1998	5.36	264.41	146.81	416.58	4.41	
1999	4.83	299.8	163.26	467.89	4.89	
2000	5.2	383.45	183.09	571.74	5.93	所有数据全部来源于政府发布的官方统计年鉴
2001	5.67	454.22	225.43	685.32	7.05	
2002	6.09	576.06	280.3	862.45	8.79	
2003	7.3	697.66	341.34	1 046.3	10.58	
2004	7.91	878.85	436.5	1 323.26	13.24	
2005	7.28	1 098.86	517.12	1 623.26	16.04	
2006	7.51	1 370.77	582.21	1 960.49	18.82	
2007	7.15	1 694.84	662.09	2 364.08	22.29	
2008	7.54	2 246.24	848.46	3 102.24	28.79	
2009	7.43	2 569.87	1 233.37	3 810.67	34.66	
2010	8.17	3 432.81	1 589.12	5 030.11	45.23	

（1）统计年鉴显示，1993 年天津滨海新区 GDP 只有 112.36 亿元（人均 GDP 为 1.23 万元/人），而到了 2010 年滨海新区 GDP 已经高达 5 030.11 亿元（人均 GDP 为 45.23 万元/人），17 年来 GDP 增速迅猛，增加值高达 4 917.75 亿元，增长了 43.77 倍，年均增幅也高达 257.46%。

（2）1993 年到 2000 年属于缓慢增长期，从 2000 年起滨海新区 GDP 连年登上新的台阶。

（3）滨海新区 GDP 组成中最主要的构成部分为第二产业（采矿业、制造业、电力、燃气及水的生产和供应业、建筑业）和第三产业（交通运输、仓储和邮政业、信息传输、计算机服务和软件业、批发和零售业、住宿和餐饮业、金融业、房地产业、租赁和商业服务业、科学研究、技术服务和地质勘查业、水利、环境和公共设施管理业、居民服务和其他服务业、教育、卫生和社会福利业、文化、体育和娱乐业、公共管理和社会组织），尤其是第二产业始终保持第三产业的 2 倍关系飞速增长，相比第二、第三产业的高速发展，第一产业农林牧副渔的发展非常缓慢；这主要与滨海新区的区位优势

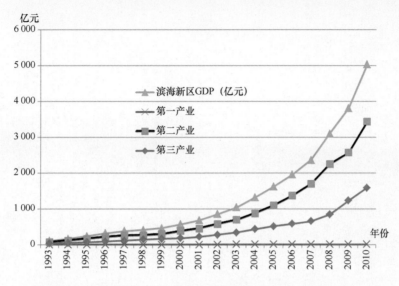

图 5.10 滨海新区 GDP 及构成变化趋势（1993—2010 年）

和功能定位关系密切，由于滨海新区坐拥天津港，区位优势明显。

5.4.1.2 天津经济技术开发区 GDP 变化

天津经济技术开发区（TEDA – Tianjin Economic – Technological Development Area）于 1984 年 12 月 6 日经中华人民共和国国务院批准建立，为中国首批国家级开发区，享受国家赋予的有关优惠政策，成为致力于吸引国内外投资发展以高新技术产业为主的现代化工业区，为滨海新区组成部分。天津经济技术开发区位于天津市东南，距市中心50 km，紧靠天津新港和塘沽市区，东临渤海，西临京山铁路，南至新港四号路，北至北塘镇。其西面 38 km 有天津国际机场，南面有京津塘高速公路、京津高速公路、唐津高速公路和海河，东南面 2 km 有天津新港；周边自然资源有大港油田和渤海海上油田，有驰名中外的长芦盐田，有储量丰富的煤田和优质陶土，有丰富的地热资源和适于发展养殖业的 130 km 长的海岸线。

作为天津市滨海新区的重要组成部分，TEDA 经济体 1986—2010 年 GDP 变化情况（图 5.11）也从一个局部很好地反映了滨海新区区域经济的经济飞速发展情况：1986—2010 年 GDP 增长了 16 532 倍，年均增速为 661%。

5.4.2 天津市海洋经济产业分析

海洋作为人类不断开发的新领域，地理学界对海洋经济以及海洋资源开发与海岸带规划之间的关系的兴趣与日俱增。目前，世界上的各海洋大国普遍相当重视发展海洋经济，海洋产业已经发展成为一个超越传统产业门类的国民经济的增长领域。同样，海洋经济也已经迅速成为我国沿海省市提升国际竞争力、参与经济大循环、发展国民经济的新领域。

天津市海洋产业主要包括八大类：海洋渔业、海洋交通运输业（包括港口）、海洋

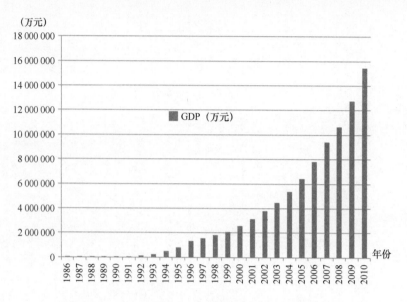

图 5.11　TEDA 经济体 GDP 变化趋势（1986—2010 年）

旅游业、海洋油气工业、海洋造船业、海盐业、海洋化工、海洋石油化工业。此外，还有一些新兴的海洋产业正在逐步发展，如海水利用业、海洋生物医药业及高值化产品加工业、海洋电力工业、海洋工程建筑、海洋信息服务业、海洋环保业等。另外，与海洋产业发展密切相关的事业也在不断扩大，包括很多软环境和硬环境配套体系，诸如：海洋法律法规、海洋管理、海洋科学和教育、海洋生态建设和环境保护、海洋公益服务和海上救捞等。这些事业也可以说是广义的海洋经济。

天津市海洋产业分析主要研究指标如下（殷艳，2008）。

① 岸线海洋经济密度，反映天津市海洋产业发展强度及与其他沿海省市的对比；

② 海洋产业与天津市 GDP 比重关系，反映海洋经济对天津市的贡献；

③ 主要海洋产业经济量变化轨迹，这对未来走势的判断有重要的意义。通过一元回归及皮尔模型预测，反映区域海洋支柱产业的发展趋势。

5.4.2.1　岸线海洋经济密度分析

岸线海洋经济密度分析是通过分析对比海洋经济总产值与海岸线的关系，可以获得海洋产业发展与海洋空间的相互关系。分别计算沿海 11 个省、市、自治区 2010 年海洋产业总产值与大陆海岸线的比值，从各沿海省市单位岸线长度的海洋产业产出贡献（即单位岸线海洋经济密度）的对比中可以比较直观地反映天津市在全国海洋经济发展中的重要地位。

在沿海 11 省市中，天津市单位岸线海洋经济密度位居第一，比全国平均值高出 10 倍之多，其次是上海市，比全国的平均水平高出 5 倍之多，第三位是江苏，第四位是广东，第五位是河北，第六位是山东，其余各省市均低于全国平均水平。这表明天津市是我国海洋经济发展程度领先的区域（表 5.15）。

126

表5.15　我国各省市海洋经济密度　　　　　　　单位：亿元/km

省（市、区）	岸线长度（km）	2010年海洋产值（亿元）	系数（产值/岸线）	排名
上海	449.66	5 224.5	11.618 779	2
天津	150.93	3 021.5	20.019 214	1
广东	3 368.1	8 253.7	2.450 551	4
浙江	1 839.97	3 883.5	2.110 632	7
河北	487	1 152.9	2.367 351	5
山东	3 120.05	7 074.5	2.267 432	6
福建	3 324	3 682.9	1.107 972	8
辽宁	2 920	2 619.6	0.897 123	9
江苏	954	3 550.5	3.721 698	3
广西	1 595	548.7	0.344 013	11
海南	1 617.8	560	0.346 149	10
全国	18 000	39 572.7	2.198 483	—

数据来源：2011年中国海洋统计年鉴。

5.4.2.2　海洋产业在天津市经济中的地位

自20世纪90年代以来，在海洋高新技术产业化发展的推动下，天津市海洋产业不断扩大，目前已经发展成为系统的海洋产业群，并在天津市经济增长中发挥越来越重要的作用，成为天津市经济发展新的增长点。

海洋经济对地区经济和社会发展的拉动作用显著。"十五"期间，天津市海洋生产总值年均增长速度为30.6%，居全国首位，超过天津地区生产总值11.3个百分点。2005年，海洋生产总值占地区生产总值的42.8%，比"十五"初期增长13.1个百分点。

截至2010年，海洋经济增加值在全市经济GDP总量中的比重已超过20%（2010年为22.51%），且增长速度非常快，已成为天津市经济发展的动力源泉之一。1998年亚洲金融危机后的7年间，天津市海洋经济增加值在全市GDP中所占比重基本上是以每年一个百分点的速度在递增，其增长速度已经明显超过了天津市GDP总量的增长速度。1995年到2006年间海洋经济增加值以平均27.70%的速度递增，比天津市GDP总量10.93%的平均增长率高出近17个百分点。海洋经济作为一个21世纪的朝阳经济，正处于一个快速发展的阶段，同其他新兴经济一起，肩负着拉动天津市整体经济发展的重任（表5.16）。

表5.16　天津市海洋经济的增加值在全市GDP中所占的比重（亿元，%）

年份	海洋经济增加值	增长率	GDP总量	增长率	所占比重（%）
1995	69.94	—	920.11	—	7.6
1996	91.88	31.37	1 102.4	19.81	8.33

年份	海洋经济增加值	增长率	GDP 总量	增长率	所占比重（％）
1997	92.72	0.91	1 240.4	12.52	7.48
1998	67.89	−26.78	1 336.38	7.74	5.08
1999	90.44	33.22	1 450.06	8.51	6.24
2000	118.35	38.86	1 639.36	13.05	7.22
2001	132.93	12.32	1 826.67	11.43	7.28
2002	178.65	34.39	2 022.6	10.73	8.83
2003	269.16	50.66	2 447.66	21.02	11
2004	372.11	38.25	3 111	27.1	12.7
2005	666.19	79.03	3 697.62	18.84	18
2006	753.5	13.11	4 337.7	17.31	17.37
2007	866.8	15.04	5 050.5	16.43	17.16
2008	1 009.5	16.46	6 359.3	25.91	15.87
2009	1 159.4	14.85	7 519.5	18.24	15.42
2010	1 666.5	43.74	9 211.9	22.51	18.09

注："—"表示无数据。

5.4.2.3 天津海洋产业发展趋势

自 1998 年到 2006 年，天津市海洋经济总产值占全市经济 GDP 总量的比重逐年增加，到 2005 年已达到 39.57％；2006 年后随着海洋经济结构的不断调整趋稳，天津市海洋经济总产值占全市经济 GDP 总量的比重呈现一个缓慢增加的高速发展态势（表5.17）。

表5.17　1995—2010 年天津市海洋经济总产值占全市 GDP 比重一览表

年份	国内生产总值（亿元）	海洋经济总值（亿元）	海洋经济总值占全省 GDP 比重（％）
1995	920.11	112.29	12.2
1996	1 102.4	114.4	10.38
1997	1 240.4	115.63	9.32
1998	1 336.38	92.4	6.91
1999	1 450.06	103.54	7.14
2000	1 639.36	138.63	8.46
2001	1 826.67	268.65	14.71
2002	2 022.6	416.08	20.57
2003	2 447.66	568.07	23.21
2004	3 111	1 051.47	33.8
2005	3 697.62	1 463.21	39.57
2006	4 337.7	1 369	31.4

年份	国内生产总值（亿元）	海洋经济总值（亿元）	海洋经济总值占全省 GDP 比重（%）
2007	5 050.5	1 601	31.7
2008	6 359.3	1 888.7	29.7
2009	7 519.5	2 158.1	28.7
2010	9 211.9	3 021.5	32.8

5.4.3　天津市海洋产业结构分析

5.4.3.1　天津市海洋产业结构特点

天津市的海洋第一产业包括：海洋捕捞、海水养殖及相关产业；第二产业包括：海水制盐、船舶工业、油气开采、海水化工等；第三产业包括：海洋运输、滨海旅游及其他产业。2005 年天津市沿海地区总产值达 1 447.49 亿元，第一产业产值 9.27 亿元，第二产业产值 470.12 亿元，第三产业产值 968.1 亿元，三次产业结构的比例 0.64:32.47:66.88。其特点主要表现在天津海洋产业主要发展高附加的第二产业，在产业结构中第二产业的比重稍低，而第一产业比重仍然很小，近年来对第一产业投入较少，其比重较小，这种结构使得天津海洋产业发展后劲较足，但其产业结构仍不是最为理想的产业结构（表 5.18、表 5.19）。由表我们可以得出天津市海洋经济比重最大部门为滨海旅游业，其次是海洋油气，接下来依次为海洋交通运输业、海洋化工、海洋船舶、海洋水产业，最后为海洋盐业。

表 5.18　1996—2010 年天津市三大海洋产业结构比值一览表

年份	第一产业（%）	第二产业（%）	第三产业（%）
1996	4.99	41.55	53.46
1997	3.62	46.81	49.56
1998	5.98	42.82	51.19
1999	6.01	42.42	51.57
2000	4.8	53.79	41.41
2001	2.62	46.45	50.93
2002	1.99	42.75	55.26
2003	1.77	41	57.22
2004	0.9	30.13	68.97
2005	0.64	32.48	66.88
2006	0.30	65.8	33.9
2007	0.30	64.4	35.3
2008	0.30	66.4	33.3
2009	0.20	61.6	38.2
2010	0.20	65.5	34.3

表 5.19　1996—2005 年天津市海洋经济总产值及主要海洋产业产值一览表　单位：亿元

年份	总产值	水产	海盐	油气	造船	交通	旅游	海洋化工	其他
1996	114.4	5.69	5.05	31.32	8.4	48.33	12.61	0	0
1997	115.63	4.19	5.17	39.97	9	42.42	14.89	0	0
1998	92.4	5.53	4.64	27.3	7.63	30.61	16.69	0	0
1999	103.54	6.22	5.02	36.36	2.54	36.11	17.29	0	0
2000	138.63	6.66	4.81	67.43	2.33	38.23	19.17	0	0
2001	268.65	7.03	4.89	77.62	3.95	44.27	23.17	38.33	69.39
2002	416.08	8.27	5.13	112.01	7.12	52.31	28.31	53.61	149.32
2003	568.07	10.08	5.28	146.58	9.39	96.22	27.25	71.73	201.59
2004	1 051.47	9.47	5.9	193.61	13.57	161.46	332.66	103.74	231.06
2005	1 447.49	9.27	8.69	329.08	18.63	261.43	332.73	113.72	373.94

5.4.3.2　天津市海洋产业结构形成机制分析

一定的产业结构是资源配置的一种状态和结果，资源配置的目标，要求资源在经济主体间得到合理和高效的配置。从经济运行的市场、结构、总量这三维空间的关联看，产业结构的形成深受总量和市场这两种均衡关系的影响，此外，一国的经济管理体制（即资源配置过程的主体权力结构）对产业结构的形成过程亦有强烈影响。

天津作为环渤海地区的重要增长极，有其独有的海洋资源分布特点，而海洋经济各产业的发展首先便取决于天津市各种海洋资源量的多少。天津海洋资源中渔业资源量相对较少，海水养殖正处在发展过程中，对其各方面（科技等）的投入相对不足。

天津市是我国北方最大的港口城市，天津港对天津市的发展一直起着举足轻重的作用。天津港是亚欧大陆桥东部的主要起点，是从太平洋西岸到欧亚内陆的主要陆路通道，也是华北、西北乃至中亚地区最重要、最便捷的海上通道。天津港经济腹地广阔，其直接经济腹地包括天津、北京两大直辖市和河北、山西、内蒙古、陕西、甘肃、青海、新疆、宁夏八省区以及河南、山东二省的部分地区。天津港作为北方最大的贸易港，有占全国 3/5 的煤、1/4 的盐、1/6 的原油、1/7 的矿物需要通过天津进行海上运输。现已与世界 170 多个国家和地区的 300 多个港口建立了长期通航和贸易关系，国际班轮航线近 80 条通达世界 100 多个港口，每月集装箱航班近 400 个。

油气资源及海水资源量较为丰富，再加上近年来全球原油资源短缺，使得原油价格不断上升，政府及相关部门对其不断加大投资力度，劳动率及资本装备率不断提高，使得海洋油气产值逐年激增。

天津市的造船业及海洋化工一直以来都是由国有大型企业作为支撑，造船业 1999 年以前处于困难期，但近年来由于国家政策的扶持，地方政府也加大扶持力度，使其发展速度不断加快。由于天津市的海水资源丰富，为海洋化工发展提供了充足的原料供应，再加之便利的交通条件及政府的大力扶持，使得海洋化工在天津海洋产业中的比重不断加大。

天津海洋旅游资源优势明显。在自然资源方面，主要有贝壳堤、渔苇景观、滩涂湿地、渔业、地热、滨海盐田等。在人文资源方面，拥有大量的近现代历史文化遗迹，如闻名中外的大沽口炮台遗址、著名的北洋水师大沽船坞等，特别是滨海新区的迅速崛起，也形成了一些可待开发的海洋旅游资源。良好的资源优势为天津的海洋旅游业发展提供了基础和条件，经过多年努力，天津的海洋旅游业取得了长足发展。

5.5 山东省海洋经济发展历程

山东省地处我国东中部沿海，面积 15.67×10^4 km²。全省海岸线长达 3 345 km，其中水深 15 m 以内浅海面积 14 835 km²，约占全国的 12%，在沿海 11 个省（市、区）中居第四位；滩涂面积 3 223 km²，约占全国的 15.6%，居第二位；岛屿众多，其中 5 000 m² 以上的有 326 个，岛屿岸线 737 km；2/3 以上海岸为基岩式海岸，建港条件优越。山东省海洋经济资源非常丰富，是我国典型的海洋大省。

5.5.1 海洋经济发展历程

5.5.1.1 山东省海洋经济发展现状

2009 年，全省海洋经济总值已达到 33 896.65 亿元，占全国海洋经济总值的 18%，排全国第二，仅次于广东省（见图 5.12）。其中，海洋渔业经济总产值为 1 853.15 亿元，同比增长 3.73%，海洋捕捞产量为 237.09 $\times 10^4$ t，同比下降 1.3%，海水养殖产量为 381.4 $\times 10^4$ t，同比增长 5.5%。渔民人均收入已增长至 9 565 元。2009 年全省港口泊位达到 458 个，万吨级以上泊位 185 个，全年沿海港口年货物吞吐量 7.3 亿吨，位居全国第二，同比增长 12.3%，高出全国平均增幅 3 个百分点，并与多个国家和地区建立了通航贸易关系。滨海旅游业也是山东省海洋经济的主导产业之一，2009 年，山东省有 34 处主要滨海景点，居全国第三位，滨海旅游业总收入达到 1 311.9 亿元。

5.5.1.2 山东省海洋经济发展历程

山东省是国内较早重视海洋经济发展的省份之一。1991 年，山东省委、省政府就做出了建设"海上山东"的战略决策。之后《海上山东研究》、《再论海上山东》与《三论海上山东》三本专著的出版，代表了山东海洋经济研究的前沿，有力地推动了山东海洋经济的发展。

1997 年出版的《海上山东研究》对山东省"科技兴海"战略作了研究和探索，提出了"巩固发展传统产业，大力培育新的经济增长点，优化海洋产业结构"的观点。认为优化海洋产业结构是实现"海上山东"建设目标的重点。2000 年出版的《再论海上山东》提出了建设"海上山东"总体思路及实施方案，提出了产业发展的 5 个重点：海洋渔业、海洋交通运输业、滨海旅游业、海洋油气业、海盐及盐化工业。2003 年出版的《三论海上山东》是对"海上山东"战略认识的进一步深化，首次明确了山东临海经济带、海洋经济区的范围，并阐述了它们的战略意义，并由"就海论海"到注重海陆一体化发展，使海洋产业经济与临海区域经济更加融合。

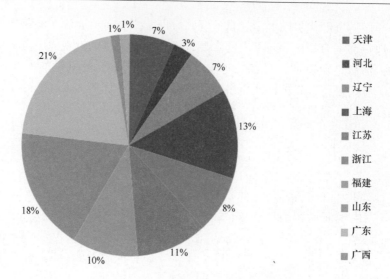

图 5.12 2009 年全国海洋经济总值比重

十几年来，全省上下认真贯彻省委、省政府《关于加快"海上山东"建设的决定》，海洋经济发展迅速，综合实力明显增强，为海洋经济的持续、稳定、快速发展奠定了坚实的基础。由表 5.20 可知，从 1998 年开始，山东海洋经济总量几乎稳居中国第二位（排名第一的是广东省），2006 年以后占全国海洋经济的比重更是稳定在 17%以上。

表 5.20 山东海洋经济在全国海洋经济的地位

年份	山东海洋经济在全国海洋经济的排名	占全国海洋经济的比重（%）
1998	2	20.70
1999	2	20.13
2000	2	17.85
2001	2	11.62
2002	4	10.99
2003	2	14.04
2004	3	14.14
2005	2	14.43
2006	3	17.34
2007	2	17.86
2008	2	18.02
2009	2	18.03

注：以上数据均来自于中国海洋统计年鉴。

目前海洋经济已成为山东省国民经济重要的增长点，如图 5.13 与表 5.21 所示，山东省海洋经济竞争力不断提升，海洋经济总值（GOP）不断增加，截至 2009 年年底，全省海洋产业总值（GOP）已达到 5 820.00 亿元，几乎是 1998 年全省 GOP 的 8 倍，占全省生产总值（GDP）的比重也由 1998 年的 9.45％ 提高到了 17.17％。2002—2008 年是山东省海洋经济的快速发展时期，GOP 的增长率达 18％以上，其中 2006 年年均增长率更是达到了 52％，是同时期全省 GDP 增长率的 3 倍。

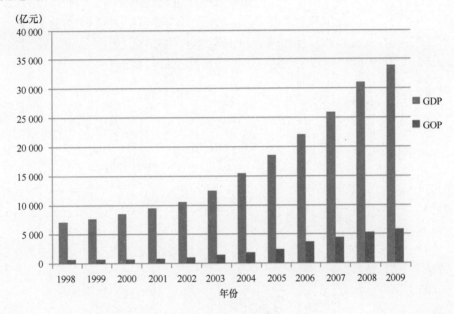

图 5.13　山东省经济、海洋经济发展状况

表 5.21　山东省经济与海洋经济情况

年份	山东省生产总值 GDP（亿元）	GDP 年均增长率（％）	山东省海洋经济生产总值 GOP（亿元）	GOP 年均增长率（％）	海洋经济占生产总值百分比（％）
1998	7 162.20	—	676.86	—	9.45
1999	7 662.10	7	734.90	9	9.59
2000	8 542.44	11	737.76	0	8.64
2001	9 438.31	10	840.58	14	8.91
2002	10 552.06	12	994.61	18	9.43
2003	12 435.93	18	1 477.64	49	11.88
2004	15 490.00	25	1 938.46	31	12.51
2005	18 516.87	20	2 418.11	25	13.06
2006	22 077.36	19	3 679.30	52	16.67
2007	25 965.91	18	4 477.80	22	17.24
2008	31 072.05	20	5 346.30	19	17.21
2009	33 896.65	9	5 820.00	9	17.17

注："—"表示无数据。

5.5.2　海洋产业发展历程

5.5.2.1　山东省海洋产业现状

2009 年山东省海洋产业总值（GOP）为 5 820 亿元。其中海洋产业 3 201 亿元，海洋产业由主要海洋产业和海洋科研教育管理服务业组成，主要海洋产业产值为 2 238.6 亿元，海洋科研教育管理服务业产值 962.4 亿元。海洋相关产业 2 619 亿元，海洋相关产业是指以各种投入产出为联系纽带，与主要海洋产业构成技术经济联系的上下游产业，涉及海洋农林业、海洋设备制造业、涉海产品及材料制造业、涉海建筑与安装业、海洋批发与零售业、涉海服务业等。

由图 5.14、图 5.15 可以看出各产业的比重，目前海洋相关产业产值占了较大比重，其次为主要海洋产业，最后为海洋科研教育管理服务业，仅占 17%。

根据第一产业、第二产业和第三产业产值情况可知，目前山东省海洋经济中第一产业所占比重较少，第二产业与第三产业发展迅速。第一产业主要包括海洋渔业中的海洋水产品、海洋渔业服务业，产值为 406.6 亿元，第二产业主要包括海洋水产品加工、海洋油气业、海洋矿业、海洋盐业、海洋化工业、海洋生物医药业、海洋电力业、海水利用业、海洋船舶工业、海洋工程建筑业等，产值为 2 890.8 亿元，第三产业主要包括海洋交通运输业、滨海旅游业、海洋科研教育管理服务业等，产值为 2 522.6 亿元。

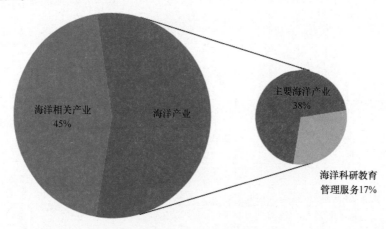

图 5.14　山东海洋经济产业比重（一）

5.5.2.2　山东省海洋产业发展历程

山东省的海洋产业主要有海洋渔业及相关产业、海洋盐业、海洋化工、海洋石油与天然气、沿海造船、海洋交通运输、滨海旅游等。2005 年上述构成如表 5.22 所示。可以清楚地看出山东省海洋产业比重由大到小依次是：海洋水产业、滨海旅游业、海洋交通运输业、海洋化工业、海洋工程建筑业、海洋盐业、海洋油气业。由此可见，山东省目前形成了以海洋水产、海洋旅游、海洋运输、海洋化工等为主的海洋产业结构，这些

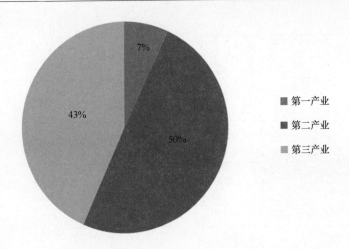

图 5.15 山东海洋经济产业比重（二）

产业的蓬勃发展对提升山东海洋产业竞争力意义重大。

表 5.22 2005 年山东省主要海洋产业结构（单位产值：亿元；比重:%）

	海洋水产	海洋石油与天然气	海洋盐业	海洋化工	海洋生物制药	海洋电力与海水利用	海洋船舶工业	海洋工程建筑	海洋交通运输	滨海旅游	其他产业
产值	1 286.45	48.73	50.05	141.01	25.54	42.6	34.52	87.19	194.16	390.21	117.65
比重	53.2	2.0	2.1	5.8	1.1	1.8	1.4	3.6	8.0	16.1	4.9
排名	1	7	6	4	10	8	9	5	3	2	

　　山东省作为我国水产渔业大省，海洋第一产业在全省的地位不可低估。然而海洋渔业为资源型产业，经济增长的实现很大程度上依赖于自然资源的开发力度，需要消耗大量物资，并以生态环境资源的损坏为代价获得。这种经济结构为粗放型、资源消耗型经济结构。山东省早在 20 世界 90 年代就提出了"优化产业结构"的战略，经过近年来政府各项政策的引导，产业结构得到明显改善。

　　由表 5.23 可知，山东省海洋第一产业在全省海洋经济中的比重逐年下降。1998—2005 年第一产业占全省海洋经济比重都在 50% 以上，之后逐年降低，至 2009 年山东省海洋三次产业比例已经由 1998 年的 77:8:15 调整为 7:50:43。

表 5.23 山东海洋经济产业比重

年份	第一产业比重（%）	第二产业比重（%）	第三产业比重（%）
1998	77	8	15
1999	77	9	14
2000	75	9	16
2001	66	22	12

续表

年份	第一产业比重（%）	第二产业比重（%）	第三产业比重（%）
2002	63	24	13
2003	62	22	15
2004	55	19	27
2005	53	18	29
2006	8	49	43
2007	8	48	44
2008	7	49	44
2009	7	50	43

如图 5.16 所示，1998—2009 年山东省三次海洋产业结构处在不断的变化中。1998年山东省三类产业的结构是"一、三、二"，处于海洋经济产业结构的初级发展阶段，2001 年产业结构的构成就发生了变化，结构变化为"一、二、三"，说明在建设"海上山东"的过程中，山东省的海洋经济有了初步的发展。到 2006 年山东省海洋三类产业结构变为"二、三、一"，由此可以看到，目前山东省的产业结构还是比较合理的。

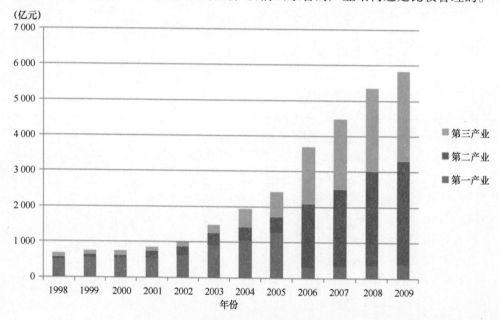

图 5.16　山东海洋经济三类产业产值变化

5.5.3　山东省海洋经济发展策略

5.5.3.1　山东省海洋优势产业发展

根据表 5.24 可知山东海洋经济优势产业的发展情况如下。

136

表 5.24 1998—2005 年山东省海洋经济产业产值　　　　单位：亿元

年份	海洋水产	海洋石油与天然气	滨海砂矿	海洋盐业	海洋化工	海洋生物制药	海洋电力与海水应用	海洋船舶工业	海洋工程建筑	海洋交通运输	滨海旅游	其他产业
1998	551.77	36.33	0.05	57.17	—	—	—	26.08	—	45.38	21.08	—
1999	568.58	21.24	0.02	55.91	—	—	—	24.19	—	47.65	17.31	—
2000	519.75	—	0.01	51.01	—	—	—	30.2	—	39.81	14.86	—
2001	554.52	30.97	0.02	65.63	4.78	0.98	45.08	35.39	2.07	75.2	25.3	0.64
2002	628.81	—	29.98	61.24	14.73	5.58	67.4	42.24	20.06	87.14	32.11	5 032
2003	919.19	35.59	—	33.19	76.4	10.31	55.93	77.88	40.44	132.64	25.79	70.28
2004	1 060.29	42.65	—	51.38	84.57	11.62	58.81	55.88	55.81	147.04	279.08	91.33
2005	1 286.45	48.73	0.16	50.05	141.01	25.54	42.6	34.52	87.19	194.16	390.21	117.49

注：以上数据均来自于中国海洋统计年鉴。

（1）海洋水产

山东半岛有着适宜优质海产品生长的气候、水温。山东省大力发展海洋渔业经济，一条集海产品加工、海水养殖、远洋捕捞于一体的千亿元产值的海洋经济产业带正在崛起。近几年，山东海产品加工不断向纵深精细方向延伸，海产品精深加工的比例已经达到 60% 以上。截至 2005 年年底，全省水产品加工总量达到 25.8×10^4 t，加工产值 428 亿元，连续多年位列全国第一。

（2）海洋石油与天然气

山东省海上石油开发近几年增长较快，截至 2001 年，浅海地区共计探明含油面积 153.5 km^2，石油地质储量 $40\ 368 \times 10^4$ t；控制含油面积 33.8 km^2，石油地质储量 $9\ 795 \times 10^4$ t。海上油田 2002 年原油产量达 212.2×10^4 t，天然气 $16\ 945 \times 10^4$ m^3。2004 年海洋油气产值达 44.64 亿元。

（3）海洋盐业

良好的资源和适宜的气候条件，加之良好的基础与实力，使得山东发展盐业和盐化工产业具有强大优势和巨大潜力。山东盐生产工艺和科学技术为国内先进水平，直接生产作业基本实现机械化。2005 年，山东盐及盐化工产值达 160 亿元。海盐化工业实施大企业集团带动战略，走联合创新、集团化规模化发展之路，发展十分迅速。

（4）海洋交通运输业

“九五”以来，山东省新增港口 3 处，新增泊位 166 个，吞吐能力增加 $4\ 527 \times 10^4$ t，2005 年全省港口达到 25 个，其中对外开放港口 11 个，沿海港口年货物吞吐量 $38\ 401 \times 10^4$ t，海运客运量 1 355 万人次，与多个国家和地区建立了通航贸易关系。沿海公路已建成济青、日竹、东港、东青、环胶州湾、烟栖、烟威、潍莱、烟台疏港高速九条高速公路，沿海港口群的后方公路集疏运条件明显改善。

（5）滨海旅游业

山东省的滨海旅游在沿海的青岛、烟台、威海、东营等市分别形成了各具特色的滨

137

海旅游项目。青岛市在海滨度假旅游、海上观光游的基础上，推出了青岛海洋节，开拓了帆船表演、海洋科研修学游等以海为主体的多种新型旅游项目；烟台市重点向海外推出"海滨历史和海洋生态旅游"等4条黄金旅游线路；威海市以海滨自然风光、历史文化、民俗风情和人文景观为重点推出了多种大型旅游项目；东营市以黄河入海口为主体吸引物，发展以黄河口、胜利油田、湿地生态为主要特色的旅游项目。2005年全省滨海旅游业收入达到575亿元，其中国外游客114万人次，创汇6.5亿美元，国内游客6 967万人次，旅游收入达到523亿元。

5.5.3.2 山东省海洋经济发展策略

山东海洋经济的发展主要有五大优势，分别为海洋区位优势、海洋资源优势、海洋经济优势、设施资源优势和科技资源优势。在此基础上，山东省海洋产业要调整结构、优化布局、扩大规模、注重效益、提高科技含量、持续快速发展，可以考虑以下措施。

1）调整一、二、三类海洋产业结构

（1）大力发展海洋第三产业

①把滨海旅游业发展成为海洋经济的支柱产业和主导产业。大力发展滨海旅游业，立足于国内市场、面向国际市场，实施旅游精品战略，对青岛、烟台、威海等国家及省市重点风景旅游区进一步开发，提高滨海旅游的国内、国际知名度。

②加强海洋交通运输业建设。首先扩大海洋运输船队，开辟海上运输航线；其次要加强港口建设，以集装箱和大型专业化原油建设为重点，加强深水航道建设和港口集疏运通道建设。

（2）积极调整并发展海洋第二产业

第二产业是以高新技术为依托的，所以发展第二产业要按照高科技、新产业、大市场的现代海洋开发思路。

①加快海洋造船业的建设，积极推进企业重组和调整，提高配套能力和水平，延长船舶制造、修船的产业链，构建产业群。

②把海洋化工业和加工业作为优势产业来发展。狠抓深加工，着力提高产品质量和效益，大幅度提高产品附加值。

③稳步发展海水制盐、海水化工。利用盐苦卤生产钾、镁等化工产品，争取海洋化工产品形成工业规模和产品系列。

④大力发展海洋油气和滨海砂矿加工业。逐步提高油气深加工程度。

（3）稳定提高海洋第一产业

第一产业主要从海水养殖和海水捕捞两个方面来抓。

①加快发展海水养殖业。遵循科学规划、合理布局、发挥优势等原则，建立集约化的海水增养殖基地、优良品种繁育基地和野生种苗基地。

②稳定海洋捕捞业。一方面严格近海定量作业，控制粗放型、掠夺型生产方式，稳定近海捕捞产量；另一方面要积极发展外海捕捞和远洋捕捞，促进山东省海洋渔业生产的发展；此外，还要加强与国外周边国家的渔业合作。

2）调整传统与新兴海洋产业结构

（1）提高传统海洋产业的素质

一方面要对传统产业进行技术改造，提高这些产业的技术含量和产品档次；另一方面要对传统产业进行第二次开发，促进新兴产业的成长。这样既促进传统产业较快发展，又能提高新兴产业的比重，实现海洋产业结构的现代化。

（2）加快新兴海洋产业的发展

优化海洋产业结构的目标，就是要不断提高新兴海洋产业比重，提高海洋产业对社会经济的贡献率。积极开展新兴产业技术储备的系统研究，重视海洋资源勘探调查，不断发现新的可开发资源是新兴海洋产业的总体发展方向。

6 区域人口变化发展历程

环渤海沿海市包括辽宁省的大连市、锦州市、营口市、盘锦市、葫芦岛市，河北省的唐山市、秦皇岛市、沧州市，山东省的东营市、烟台市、潍坊市、滨州市，以及天津市，陆域面积约 13.72×10^4 km^2，2010 年总人口约 6 373 万人，2010 年国内生产总值约 3.67 万亿元。

图 6.1 为环渤海地区行政区范围示意图，表 6.1 为 2010 年环渤海地区社会经济发展统计表。

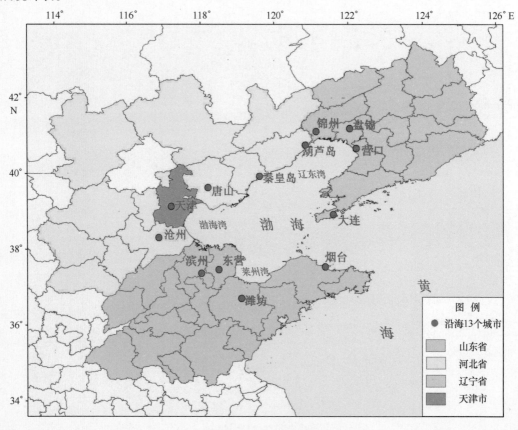

图 6.1 环渤海地区行政区范围示意图

表 6.1　2010 年环渤海地区社会经济发展统计

省（市）	市	人口数量（万人）	行政区面积（km²）	人口密度（人/km²）	人均GDP（万元/人）
天津	天津市	984.85	11 760	837	9.37
河北	唐山市	735.00	14 335	513	6.08
	秦皇岛市	299.01	7 792	384	3.11
	沧州市	730.89	14 349	509	3.01
山东	东营市	184.87	8 302	223	12.77
	烟台市	651.14	13 748	474	6.69
	潍坊市	873.02	14 846	588	3.54
	滨州市	377.92	9 454	400	4.11
辽宁	大连市	586.40	12 574	466	8.80
	锦州市	301.40	10 111	298	3.03
	营口市	235.50	5 402	436	4.26
	盘锦市	131.20	4 071	322	7.06
	葫芦岛市	281.80	10 415	271	1.89

6.1　沿海区域人口数量变化状况

6.1.1　辽宁省沿海城市人口数量变化状况

近年来，辽宁省环渤海沿海城市人口数量增长缓慢。从图 6.2 可知，2001 年，沿海城市人口数量为 1481.9 万人，2001—2008 年 7 年间，人口增加 55.1 万人，年均人口增长率为 5.31‰；2008 年以后，人口数量基本保持平稳，2008—2012 年的 4 年间，人口增加 5.1 万人，年均人口增长率为 0.83‰。

1998—2012 年辽宁环渤海沿海市人口数量统计见表 6.20。

表 6.2　1998—2012 年辽宁环渤海沿海市人口数量　　　　单位：万人

年份	大连市	锦州市	营口市	盘锦市	葫芦岛市
1998	543.20	—	—	—	265.2
1999	545.30	—	—	—	266.2
2000	551.50	306.4	—	—	268.6
2001	554.60	307.2	227.37	122.95	269.8
2002	557.93	307.1	—	123.90	270.9
2003	560.16	307.5	229.00	124.39	271.4
2004	561.6	307.8	229.90	124.80	273.0

续表

年份	大连市	锦州市	营口市	盘锦市	葫芦岛市
2005 .	565. 3	308. 3	230. 50	125. 90	273. 7
2006	572. 1	309. 2	231. 10	127. 10	275. 7
2007	578. 2	309. 4	232. 50	128. 20	278. 7
2008	583. 37	310. 2	233. 80	129. 20	280. 4
2009	584. 8	310. 2	235. 00	130. 00	282. 3
2010	586. 4	301. 4	235. 50	131. 20	281. 8
2011	588. 5	308. 3	235. 50	131. 20	281. 3
2012	590. 3	307. 9	235. 10	128. 80	280. 0

注：数据来自各市国民经济和社会发展统计公报。

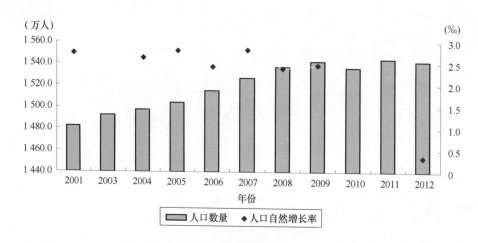

图 6.2   2001—2012 年辽宁环渤海沿海市人口数量和人口自然增长率变化趋势

大连市在辽宁省沿海的五市中人口数量最多。1999 年底人口数量为 545. 30 万人，随着沿海经济的发展，人口数量总数在不断增加，2012 年底人口数量为 590. 3 万人，1999—2012 年间年均人口增长率为 6. 35‰。从人口的自然增长率来看，2003 年以后总体呈现升高的趋势，由 2003 年的 -0. 54‰，升高至 2012 年的 3. 14‰（图 6.3）。

锦州市的人口数量次于大连市，在 2000—2008 年间人口数量逐年增加，年均人口增长率为 1. 55‰；2009 年以后人口数量呈现逐年减少的趋势，年均人口增长率为 -2. 47‰，至 2012 年底全市人口数量为 307. 90 万人。从人口的自然增长率来看，2005 年以后总体呈现降低的趋势，由 2005 年的 3. 09‰，降至 2012 年的 -0. 80‰（图 6.4）。

葫芦岛市的人口数量在 1997—2009 年间逐年增加，2009 年底全市人口数量为 282. 3 万人，年均人口增长率为 5. 61‰；2009 年以后人口数量呈现逐年减少的趋势，年均人口增长率为 -2. 72‰，至 2012 年底全市人口数量为 280. 0 万人。从人口的自然增长率来看，2000 年之前呈逐年增加的趋势，2001—2007 年人口的自然增长率保持平

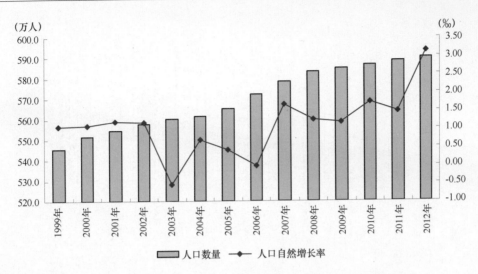

图 6.3 1999—2012 年大连市人口数量和人口自然增长率变化趋势

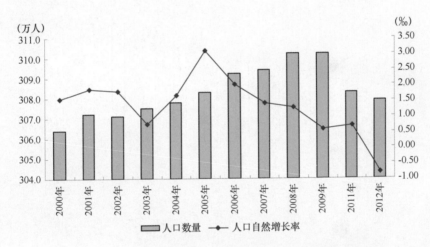

图 6.4 2000—2012 年锦州市人口数量和人口自然增长率变化趋势

稳，2008 年以后开始呈不规律的下降，2012 年底全市人口自然增长率为 −2.50‰，出现负增长（图 6.5）。

营口市 2001—2011 年人口数量呈逐年升高的趋势，年均人口增长率为 3.10‰，2012 年人口数量稍有下降，年底全市人口数量为 235.1 万人。从人口的自然增长率来看，2012 年之前全市人口自然增长率基本稳定，2012 年人口自然增长率为 −0.38‰，出现负增长（图 6.6）。

盘锦市 2001—2011 年人口数量呈逐年升高的趋势，年均人口增长率为 6.71‰，2012 年人口数量稍有下降，年底全市人口数量为 128.80 万人。从人口的自然增长率来看，全市人口自然增长率较高，2008 年以后呈现逐年下降的趋势，2012 年人口自然增长率为 2.17‰（图 6.7）。

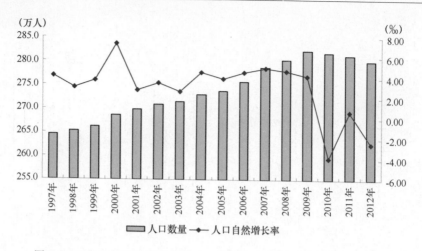

图 6.5 1997—2012 年葫芦岛市人口数量和人口自然增长率变化趋势

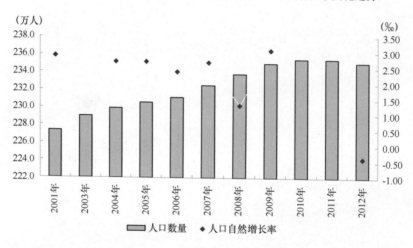

图 6.6 2001—2012 年营口市人口数量和人口自然增长率变化趋势

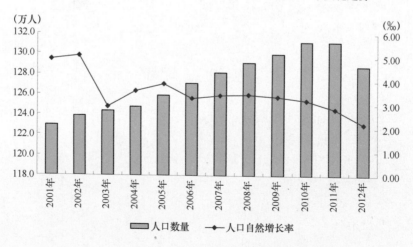

图 6.7 2001—2012 年盘锦市人口数量和人口自然增长率变化趋势

6.1.2 河北省沿海城市人口发展变化状况

近年来，河北省沿海城市人口数量增长较快。2000 年年底，沿海的秦皇岛、唐山、沧州三市人口数量为 1 635.05 万人，2012 年底人口数量为 1 788.30 万人，12 年间人口增加了 153.25 万人，人口年均增长率为 7.81‰。从人口自然增长率来看，三市人口自然增长率保持较高水平，多年来一直处于 3.2‰~8.4‰ 之间（表6.3、图6.8）。

表 6.3 2000—2012 年河北省沿海市人口数量   单位：万人

年份	秦皇岛	唐山	沧州
2000	266.30	699.79	668.96
2001	268.20	700.15	673.55
2002	—	702.70	677.00
2003	273.29	706.28	—
2004	275.82	710.07	679.36
2005	278.64	714.51	684.75
2006	280.54	719.12	690.85
2007	283.31	724.66	700.20
2008	285.85	729.41	710.10
2009	287.24	733.90	717.50
2010	299.01	735.00	730.89
2011	300.62	737.07	734.82
2012	302.16	741.78	744.36

注：数据来自各市国民经济和社会发展统计公报。

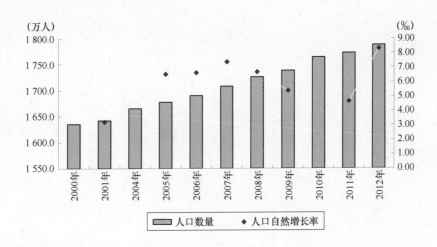

图 6.8 2000—2012 年河北省沿海市人口数量和人口自然增长率变化趋势

唐山市在河北省沿海的三市中人口数量最多，2000年年底人口数量为699.79万人，随着沿海经济的发展，人口数量总数在不断增加，2012年年底人口数量为741.78万人，12年间人口增加了41.99万人，人口年均增长率为5.00‰。从人口的自然增长率来看，除2010年人口自然增长率为0.58‰较低外，其他年份均较高，处于3.10‰~6.70‰之间（图6.9）。

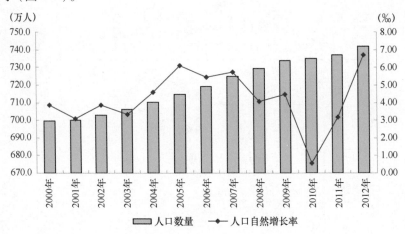

图6.9　2000—2012年唐山市人口数量和人口自然增长率变化趋势

沧州市人口数量仅次于唐山市，2000年年底人口数量为668.96万人，2012年年底人口数量为744.36万人，12年间人口增加了75.40万人，人口年均增长率为9.39‰。从人口的自然增长率来看，全市人口自然增长率较高，过去的12年处于4.00‰~15.20‰之间（图6.10）。

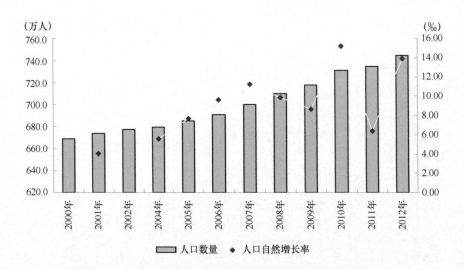

图6.10　2000—2012年沧州市人口数量和人口自然增长率变化趋势

146

秦皇岛市 2000—2012 年人口数量呈逐年增长趋势，2000 年年底人口数量为 266.30 万人，2012 年年底人口数量为 302.16 万人，12 年间人口增加了 35.86 万人，人口年均增长率为 11.22‰。从人口的自然增长率来看，2005—2012 年全市人口自然增长率较高，除 2009 年为 3.09‰外，其他年份在 4.41‰~6.08‰之间（图 6.11）。

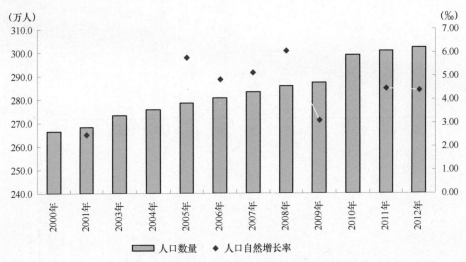

图 6.11　2000—2012 年秦皇岛市人口数量和人口自然增长率变化趋势

6.1.3　天津市沿海城市人口发展变化状况

近年来，随着天津市经济的发展，人口数量和结构也发生了显著的变化。天津市的户籍人口增加缓慢，由 2001 年的 913.98 万人增加至 2012 年的 993.20 万人，人口年均增长率为 7.88‰。常住人口数量增加迅速，由 2001 年的 1 004.06 万人增加至 2012 年的 1 413.15 万人，人口年均增长率为 37.04‰。2001—2012 年间，人口自然增长率保持较低水平，在 1.10‰~2.63‰之间，人口的增长主要依靠外来人口的增加（表 6.4、图 6.12）。

表 6.4　天津市 2001—2012 年人口数量和结构变化情况

年份	户籍人口 （万人）	常住人口 （万人）	人口自然 增长率（‰）	非农业人口 （万人）	农业人口 （万人）
2001	913.98	1 004.06	1.64	535.22	378.76
2002	919.05	1 007.18	1.45	541.14	377.91
2003	926.00	1 011.30	1.10	549.74	376.26
2004	932.55	1 023.67	1.34	556.18	376.37
2005	939.31	1 043.00	1.43	562.40	376.91
2006	948.88	1 075.00	1.60	571.03	377.85

年份	户籍人口 （万人）	常住人口 （万人）	人口自然 增长率（‰）	非农业人口 （万人）	农业人口 （万人）
2007	959.10	1 115.00	2.05	580.33	378.77
2008	968.87	1 176.00	2.19	588.27	380.60
2009	979.84	1 228.16	2.60	598.53	381.31
2010	984.85	1 293.82	2.60	—	—
2011	996.44	1 354.58	2.50	613.94	382.50
2012	993.20	1 413.15	2.63	616.36	376.84

注：资料来自2001—2012年天津市国民经济和社会发展统计公报和天津市2010年第六次全国人口普查主要数据公报。

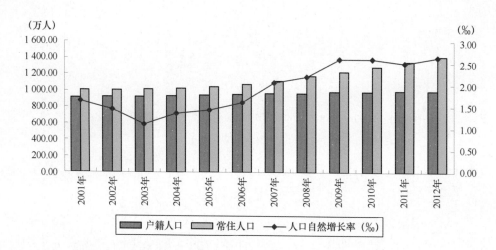

图6.12　2001—2012年天津市人口数量和人口自然增长率变化趋势

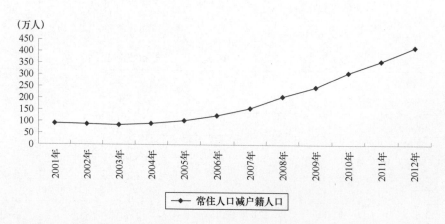

图6.13　天津市常住人口和户籍人口的差值变化趋势

从图 6.13 中可以看出，2005 年以后，天津市常住人口和户籍人口的差值迅速变大，这也说明天津市外来常住人口的数量在逐年加大。

6.1.4 山东省沿海城市人口数量变化情况

近年来，山东省环渤海沿海城市人口数量呈缓慢增长的趋势，2001 年年底，沿海的烟台、潍坊、东营、滨州四市人口数量为 2 028.44 万人，至 2005 年年底人口数量增长到 2 051.73 万人，2010 年年底人口数量增长到 2 086.95 万人。从人口自然增长率来看，2001—2003 年由 3.78‰ 下降到 2.74‰，2004—2010 年间由 4.74‰ 下降到 1.07‰，总体呈现出逐年下降的趋势（图 6.14、表 6.5）。

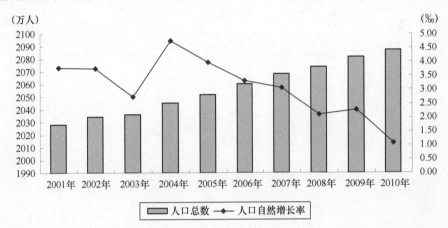

图 6.14 2001—2010 年山东环渤海沿海市人口数量和人口自然增长率变化趋势

表 6.5 1995—2012 年山东环渤海沿海市人口数量   单位：万人

年份	潍坊	东营	烟台	滨州
1995	820.81	164.11	—	—
1996	823.71	165.77	—	—
1997	829.09	167.01	—	354.84
1998	835.79	169.18	—	—
1999	840.04	170.64	—	359.20
2000	844.57	172.13	—	361.09
2001	845.93	173.57	645.99	362.95
2002	847.47	175.40	646.72	364.79
2003	847.71	176.81	645.82	366.15
2004	850.70	178.83	646.82	368.90
2005	852.20	180.50	647.78	371.25
2006	855.30	181.80	649.98	373.16

续表

年份	潍坊	东营	烟台	滨州
2007	859.10	183.09	651.47	374.48
2008	862.50	183.97	651.69	375.68
2009	867.85	184.59	652.00	377.50
2010	873.02	184.87	651.14	377.92
2011	877.61	185.96	651.76	—
2012	878.87	185.45	650.29	—

注：数据来源自各市国民经济和社会发展统计公报。

潍坊市在沿海的四市中人口数量最多，1995年年底人口数量为820.81万人，随着沿海经济的发展，人口数量总数在不断增加，2000年年底人口数量为844.57万人，2010年年底人口数量为873.02万人。从人口的自然增长率来看，总体呈现下降的趋势，由1995年的5.43‰，降至2000年的4.47‰，2010年降至2.84‰（图6.15）。

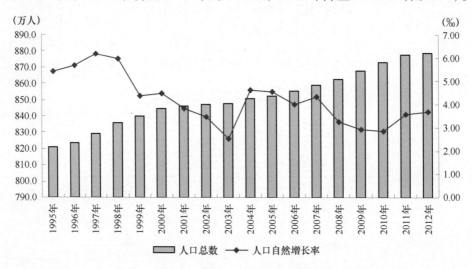

图6.15　1995—2012年潍坊市人口数量和人口自然增长率变化趋势

烟台市的人口数量次于潍坊市，2001年烟台市人口数量为645.99万人，在2001—2005年的4年间，人口数量增长缓慢，2005年人口数量为647.78万人。2006年人口数量出现快速增长，在2007—2012年的5年间，人口数量基本保持平稳，甚至出现下降的趋势。人口的自然增长率总体较低，特别是在2008—2012年间人口出现了负增长（图6.16）。

滨州市人口数量在沿海四市中位居第三位，1997年人口数量为354.84万人，2010年人口数量增长至377.92万人，1997—2010年人口数量呈线性增长趋势。在过去的几年间，人口自然增长率呈现分段式下降趋势，由1997年的5.34‰下降至2003年的

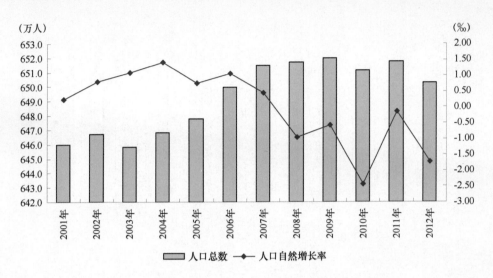

图 6.16 2001—2012 年烟台市人口数量和人口自然增长率变化趋势

3.60‰, 由 2004 年的 6.24‰下降至 2010 年的 -0.20‰, 在 2010 年人口出现了负增长（图 6.17）。

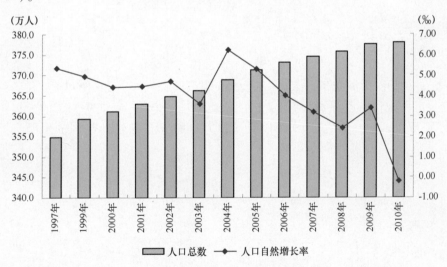

图 6.17 1997—2010 年滨州市人口数量和人口自然增长率变化趋势

东营市人口数量较少，1995 年年底人口数量为 164.11 万人，随着经济的发展人口数量在持续增加，2000 年年底，人口增加了 8.02 万人，至 2010 年年底人口增加了 20.76 万人，2012 年年底，人口数量增长至 185.45 万人。从人口自然增长率来看，总体呈现出下降的趋势（图 6.18）。

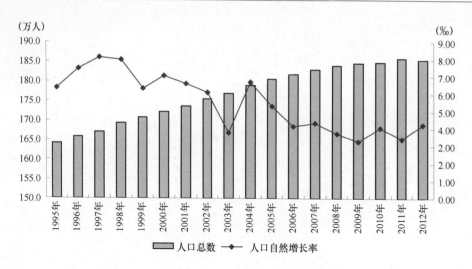

图 6.18　1995—2012 年东营市人口数量和人口自然增长率变化趋势

6.2　沿海区域人口发展变化特征

6.2.1　沿海区域人口分布不均匀

　　分析表明，环渤海 13 个沿海市人口分布极不均匀，天津市人口密度最大，为 837 人/km²；其次为潍坊市，人口密度为 588 人/km²；位于第三位和第四位的是唐山市和沧州市，人口密度分别为 513 人/km² 和 509 人/km²。其他 9 个市的人口密度均在 500 人/km² 以下。从图 6.19 可以看出，人口的分布与当地经济的发展有一定的联系。

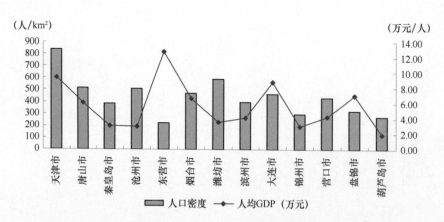

图 6.19　2010 年环渤海地区单位面积人口数量和单位人口 GDP 对比

6.2.2　沿海区域人口增长速度不一致

经分析，2008年为环渤海区沿海市人口增长的分水岭。2008年以前沿海13个市的人口数量总体处于逐年增长的状态，2008年以后部分沿海市人口增长缓慢，甚至出现了负增长。

从图6.20可以看出，潍坊、秦皇岛、沧州3市2008年后人口数量仍保持持续增长的趋势；盘锦、东营、葫芦岛3市2008年后人口年均增长率较2008年之前分别降低了0.79%、0.76%和0.60%；锦州、盘锦、烟台、葫芦岛4市人口数量出现了负增长。

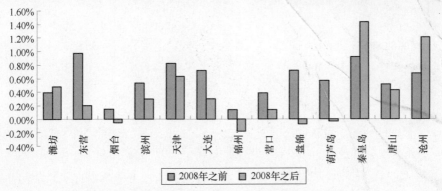

图6.20　2008年前后沿海13市人口数量年均增长率对比

7 环渤海海洋污染状况

7.1 陆源排污及附近海域污染状况

7.1.1 主要江河污染物入海情况

7.1.1.1 监测工作开展情况

2010 年、2011 年和 2012 年，国家海洋局组织相关单位对渤海主要入海河流于每年 5 月、8 月、10 月开展了 3 次监测。各年度实施监测的主要入海河流数量分别为 14 条、20 条和 19 条，包括黄河、小清河、滦河、大辽河、双台子河、小凌河、界河、潮河、复州河、大凌河、白浪河和挑河等，覆盖了环渤海三省一市。其中，辽宁省、山东省监测的入海河流数量最多，均占总数的 30% 左右，河北省和天津市次之（表 7.1）。监测河流数量变动的主要原因是 2011 年将部分排污口监测中流量较大的排污河纳入了河流监测工作。

表 7.1 2010—2012 年渤海入海河流监测数量变动情况 单位：条

省份	2010 年	2011 年	2012 年
辽宁省	5	6	6
河北省	2	5	4
天津市	1	3	3
山东省	6	6	6
合计	14	20	19

7.1.1.2 污染物入海情况

近 3 年渤海 12 条主要入海河流年污染物入海总量监测结果表明，2010—2012 年渤海年均污染物入海总量为 97.9×10^4 t（年污染物入海总量及各河流污染物入海量见图 7.1），整体上略有下降，但 2012 年却较 2011 年明显增多。原因是 2012 年华北地区普降暴雨，年径流量由 2011 年的 353×10^8 m^3 骤增至 2012 年的 422×10^8 m^3，从而造成污染物入海总量的明显增多。

2010 年、2011 年与 2012 年各污染物入海总量变化趋势如图 7.2 所示，COD、重金属和砷污染物的入海总量略有降低，营养盐和石油类污染物的入海总量略有增大。

154

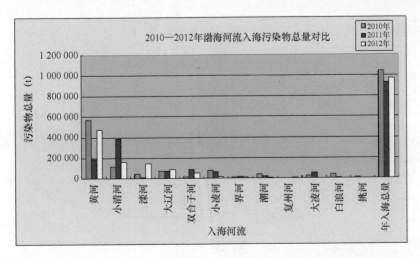

图 7.1　2010—2012 年渤海 12 条主要河流入海污染物总量对比

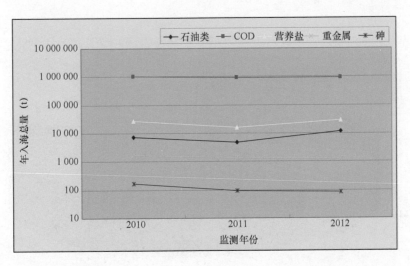

图 7.2　2010—2012 年各污染物入海总量变化趋势

7.1.1.3　主要河流污染物入海贡献率

2010—2012 年各河流污染物入海总量贡献率如图 7.3 至图 7.5、表 7.2 所示。2010年渤海河流入海污染物总量贡献率最大的为黄河 55%，其次是小清河 11%；2011 年污染物入海总量贡献率最大的是小清河 43%，其次是黄河 20%；2012 年污染物入海总量贡献率最大的为黄河 48%，其次是小清河 17%。

2010 年各河流对渤海石油类污染物入海总量贡献最大的是黄河 82%，其次为小清河 7%；对 COD 入海总量贡献最大的是黄河 54%，次之为小清河 11%；对营养盐入海总量贡献率最大的是黄河 52%，第二是大辽河 17%；对重金属污染物入海总量贡献率

155

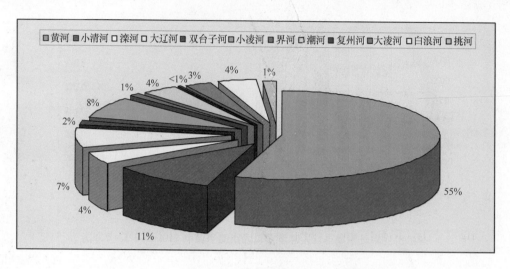

图 7.3　2010 年各河流污染物入海总量贡献率

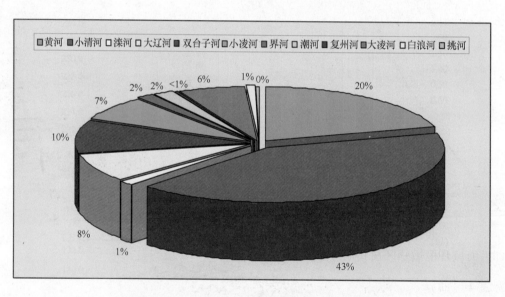

图 7.4　2011 年各河流污染物入海总量贡献率

最大的是黄河 41%，次之是小清河 39%；对砷入海总量贡献最大的是大辽河 61%，其次是黄河 18%。

2011 年各河流对渤海石油类污染物入海总量贡献最大的是小清河 52%，其次为黄河 20%；对 COD 入海总量贡献最大的是小清河 42%，次之为黄河 20%；对营养盐入海总量贡献率最大的是黄河 39%，第二是大辽河 18%；对重金属污染物入海总量贡献率最大的是黄河 48%，次之是小清河 29%；对砷入海总量贡献最大的是黄河 51%，其次是大辽河 24%。

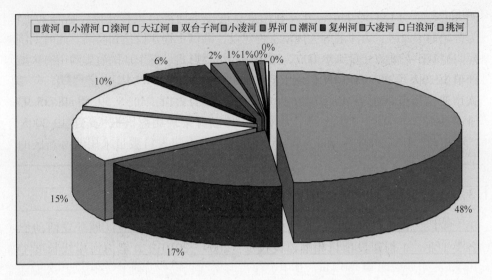

图 7.5　2012 年各河流污染物入海总量贡献率

　　2012 年各河流对渤海石油类污染物入海总量贡献最大的是黄河 76%，其次为界河 11%；对 COD 入海总量贡献最大的是黄河 47%，次之为小清河 17%；对营养盐入海总量贡献率最大的是黄河 71%，第二是大辽河 10%；对重金属污染物入海总量贡献率最大的是黄河 87%，次之是滦河 3.4%；对砷入海总量贡献最大的是黄河 67%，其次是大辽河 16%。

　　综上所述，2010—2012 年的 3 年间各河流对渤海石油类、COD、重金属污染物入海总量贡献最大的基本均为黄河与小清河，对渤海营养盐、砷入海总量贡献最大的是黄河与大辽河。

7.1.2　陆源入海排污口排污状况

7.1.2.1　监测工作开展情况

　　2010 年、2011 年和 2012 年，渤海实施监测的排污口数量分别为 94 个、83 个和 82 个，覆盖了环渤海三省一市及其主要的沿海城市，排污口的分布如图 7.6 所示。辽宁省、河北省监测的排污口数量最多，均占到总数的 30% 左右，山东省和天津市次之。2010—2012 年，各省、市监测排污口数量基本保持稳定（表 7.3）。对其中一部分排污量较大的排污口实施了重点监测，且 3 年内重点监测的排污口数量保持稳定（图 7.7），占入海排污口总数的 28% 左右。国家海洋局北海分局组织相关监测机构于每年 3 月、5 月、8 月和 10 月开展 4 次监测，重点排污口开展邻近海域的监测。

单位:t

表 7.2 2010—2012 年各河流污染物入海总量的贡献情况

污染物河流入海量	石油类			COD			营养盐			重金属			砷		
	2010 年	2011 年	2012 年	2010 年	2011 年	2012 年	2010 年	2011 年	2012 年	2010 年	2011 年	2012 年	2010 年	2011 年	2012 年
大辽河	219	240	186	70 764	72 232	89 755	4 722	3 015	3 006	76	126	31	103.5	22.1	13.1
双台子河	217	104	47	13 444	91 631	55 000	2 543	1 114	269	72	24	16	12.0	2.9	2.5
大凌河	15	18	390	27 295	55 297	2 878	623	254	253	6	15	4	2.2	4.4	1.2
小凌河	28	20	17	79 800	65 167	13 851	1 675	1 245	621	44	8	33	3.8	1.5	0.0
滦河	96	34	569	45 434	12 587	141 075	389	275	1 654	26	12	44	3.3	2.0	5.1
潮河	88	167	36	37 680	18 900	5 027	989	315	41	34	35	2	3.4	3.1	0.4
挑河	18	40	7	12 949	2 888	569	284	211	25	24	86	2	1.5	1.8	0.3
黄河	5 849	949	8 692	549 032	180 948	439 794	14 080	6 438	20 643	692	640	1 110	30.3	47.4	56.4
小清河	500	2 522	199	113 367	381 195	161 411	380	1 941	385	655	382	29	4.8	5.2	2.1
白浪河	5	5	5	43 075	8 146	2 479	131	79	191	2	0	0	0.1	0.1	0.3
界河	169	734	1 225	11 806	13 050	9 993	1 151	1 432	1 701	43	3	5	3.9	2.3	2.4
复州河	4	9	74	2 870	2 093	4 267	17	28	106	0	1	5	0.0	0.0	0.5
合计	7 207	4 842	11 447	1 007 516	904 132	926 101	26 984	16 347	28 894	1 673	1 331	1 282	169	93	84

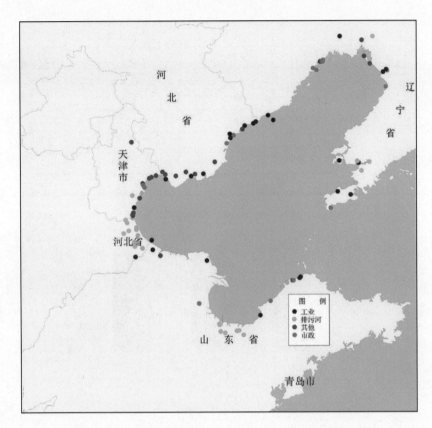

图 7.6　渤海实施监测的排污口分布状况（以 2010 年为例）

表 7.3　2010—2012 年环渤海各省、市监测排污口数量一览表

省	市	2010 年	2011 年	2012 年
河北省	沧州市	13	9	9
	秦皇岛市	8	9	9
	唐山市	9	7	7
	合计	30	25	25
辽宁省	大连市	11	6	6
	葫芦岛市	3	4	4
	锦州市	7	7	7
	盘锦市	4	4	4
	营口市	5	5	5
	合计	30	26	26

省	市	2010 年	2011 年	2012 年
山东省	滨州市	2	2	2
	东营市	2	2	2
	潍坊市	7	6	6
	烟台市	8	7	7
	合计	19	17	17
天津市	天津市	15	15	14
	总计	94	83	82

图 7.7　2010—2012 年渤海入海排污口监测类别

对于监测类型来讲，工业排污口所占比例最高，三年均达到 30% 以上，排污河次之，所占比例为 28% 左右，市政排污口所占比例最小，约占总监测数量的 16% 左右，见图 7.8。

图 7.8　渤海入海排污口监测类型

入海排污口设置存在不合理现象。从排入的功能区类型来看，渤海沿岸实施监测的陆源入海排污口（河），只有 12 个设置了专属排污区，有 60% 左右的排污口（河）直接向水质要求类别不劣于第二类的海洋功能区排污，其中设置在增养殖区的排污口达到总监测数量的 40% 以上，另外有 10 个排污口设置在度假旅游区，有 2 个排污口设置在海洋特别保护区，见表 7.4。

表 7.4　入海排污口排入功能区类型

排入功能区类型	2010 年	2011 年	2012 年
度假旅游区	10	10	10
港口区	18	17	17
海洋特别保护区	2	2	2
排污区	12	12	12
其他工程用海区	4	4	3
养殖区	36	26	26
一般工业用水区	1	1	1
油气区	2	2	2
渔港和渔业设施基础建设区	1	1	1
增殖区	8	8	8
总计	94	83	82

7.1.2.2　污染程度

（1）达标排放情况

对近 3 年来渤海实施监测的排污口的监测次数以及达标次数进行了统计，结果表明，渤海实施监测排污口的达标率在 50% 左右，基本稳定但略有波动。2010 年，渤海所有排污口共监测 338 次，达标次数为 164，达标率为 49%；2011 年，渤海所有排污口共进行了 290 次监测，达标次数为 153 次，达标率为 53%；2012 年共进行了 317 次监测，达标次数为 144 次，达标率为 45%。

总体来讲，河北省达标率最高（64%～70%），辽宁省次之（46%～49%），山东省达标率略低，但呈现逐年升高的趋势，天津市排污口达标率波动较大，2012 年，共监测 56 次，仅有 8 次达标，达标率仅为 14%。以市级行政单位来看，葫芦岛市、滨州市和潍坊市达标状况较为严峻，葫芦岛市连续两年零达标（表 7.5）。

表 7.5　2010—2012 年环渤海 13 个地市实施监测的排污口达标排放情况

省（直辖市）	地市	2010 年达标率	2011 年达标率	2012 年达标率
辽宁省	大连市	46%（17/37）	48%（10/21）	27%（6/22）
	营口市	67%（12/18）	80%（12/15）	80%（16/20）
	盘锦市	83%（10/12）	75%（6/8）	56%（9/16）
	锦州市	36%（10/28）	29%（6/21）	59%（16/27）
	葫芦岛市	0%（0/11）	0%（0/8）	14%（2/14）
	合计	46%（49/106）	47%（34/73）	49%（49/99）

续表

省（直辖市）	地市	2010 年达标率	2011 年达标率	2012 年达标率
河北省	秦皇岛市	53%（17/32）	49%（17/35）	53%（19/36）
	唐山市	73%（22/30）	75%（21/28）	56%（15/27）
	沧州市	81%（35/43）	86%（31/36）	81%（29/36）
	合计	70%（74/105）	70%（69/99）	64%（63/99）
天津市	天津市	34%（19/55）	53%（30/56）	14%（8/56）
山东省	滨州市	12%（1/8）	25%（2/8）	0%（0/8）
	东营市	100%（8/8）	88%（7/8）	100%（8/8）
	潍坊市	4%（1/25）	22%（4/18）	29%（7/24）
	烟台市	39%（12/31）	25%（7/28）	39%（9/23）
	合计	31%（22/72）	32%（20/62）	51%（32/63）
渤海	总计	49%（164/338）	53%（153/290）	45%（144/317）

近 3 年来，渤海沿岸入海排污口主要超标物质为化学需氧量、悬浮物、总磷、氨氮。化学需氧量的超标率最高，达到 30% 左右，总磷和悬浮物的超标率也达到了 20% 以上。整体来讲，自 2010 年到 2012 年各污染物的超标率基本保持稳定状态（表 7.6）。

表 7.6　2012 年渤海实施监测的排污口主要污染物超标排放情况

年份	省（直辖市）	COD 超标率	总磷超标率	悬浮物超标率	氨氮超标率
2010	河北省	11%	12%	12%	2%
	辽宁省	32%	24%	26%	10%
	山东省	54%	45%	26%	4%
	天津市	35%	15%	27%	2%
	合计	31%	23%	22%	5%
2011	河北省	14%	13%	8%	1%
	辽宁省	34%	20%	26%	14%
	山东省	45%	37%	12%	16%
	天津市	34%	12%	20%	0%
	合计	30%	20%	15%	7%
2012	河北省	9%	13%	29%	1%
	辽宁省	20%	27%	21%	10%
	山东省	30%	38%	18%	11%
	天津市	80%	5%	7%	0%
	合计	29%	20%	20%	6%

（2）综合污染程度

表7.7给出了各沿海城市入海排污口综合评价等级的年度变化情况。评价的结果表明，评价等级为C（对邻近海域的环境压力中等）、D（对邻近海域的环境压力较低）的排污口占排污口数量的70%以上，A级（即对邻近海域的环境压力高）和E级（对邻近海域的环境压力低）的排污口数量较少。自2010年到2012年评价结果为A级的排污口数量呈现逐年降低的趋势，2012年仅有2个排污口评价等级为A。而与此同时，对邻近海域环境压力为较低和低的D、E级排污口数量也显著降低，对邻近海域环境压力为中等的排污口数量有逐年升高现象，值得引起关注（图7.9）。随着节能减排和重点污染源的治理，渤海的重点污染源排污情况有所好转，但仍有一半以上的排污口对邻近海域存在环境压力，需进一步加大污染源的治理。

表7.7　各沿海城市入海排污口环境综合评价等级

综合等级	2010年						2011年						2012年					
	A	B	C	D	E	总计	A	B	C	D	E	总计	A	B	C	D	E	总计
沧州市			3	6	4	13		2	4	3		9	3	1	4	1		9
秦皇岛市	3	1	1	3		8		1	3	3	2	9	3	4	2			9
唐山市		2		6	1	9			6	1		7		1	2	4		7
大连市	1	3	5	1	1	11	1		1	3	1	6		2	2	2		6
葫芦岛市	1	2				3	2		1	1		4	1	1	1	1		4
锦州市		3	3		1	7		2	4	1		7			4	1	2	7
盘锦市				2	2	4			2	2		4			2	1	1	4
营口市		1	1	3		5		1	1	3		5		1	1	3		5
滨州市	1	1				2		2				2		1	1			2
东营市			2			2				1	1	2			2			2
潍坊市	2	4	1			7		3	3			6		3	3			6
烟台市		1	5	2		8		4	2	1		7			5	2		7
天津市		1	8	6		15		3	8	4		15	1	2	10	1		14
总计	8	19	24	34	9	94	3	12	35	25	8	83	2	17	36	23	4	82

7.1.2.3　污水及污染物入海情况

对近3年渤海入海排污口的污水入海量进行统计的结果（表7.8）表明，2012年排污口污水入海量最大，达到108×10^8 t，2010年次之，为58×10^8 t，2011年最少，为37×10^8 t。河北省排污口污水入海量远高于辽宁省、山东省和天津市，占到整个渤海排污口污水入海量的60%以上，2012年甚至接近90%（图7.10）。

排污口入海污染物以COD、悬浮物为主，2010年和2011年COD年入海总量最大，

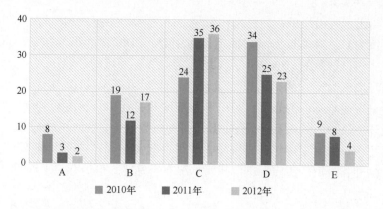

图 7.9　2010—2012 年渤海入海排污口综合评价等级变化情况

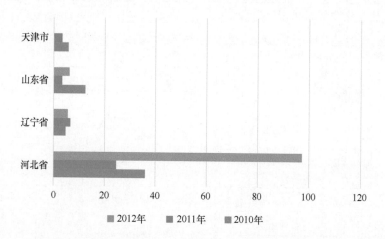

图 7.10　2010—2012 年渤海入海排污口年污水入海量变化情况（单位：×10^8 t）

分别占污染物入海总量的 64% 和 72%，2012 年 COD 入海总量低于悬浮物，约占污染物入海总量的 30%。2012 年悬浮物入海量最大，其中河北省沿岸入海排污口的贡献占到 95% 左右。河北省排污口污染物入海以悬浮物为主，其他省（市）主要以 COD 为主（表 7.8）。

2012 年河北污水和污染物入海量剧增主要因京津地区 7 月底 8 月初的强降水所导致。大量陆源降水携带大量面源污染物，通过沟渠等进入排污河，形成洪峰，冲刷多年沉积于河道的污染物，使 2012 年污水和污染物入海量，特别是悬浮物较之前年度大幅增加。

表7.8 2010—2012年渤海入海排污口主要污染物入海量 单位：×10⁴ t

年度	省	市	年污水入海量	COD	悬浮物	氨氮	总磷	总计
2010	河北省	沧州市	171 117	2.19	11.28	0.04	0.01	13.53
		秦皇岛市	116 368	4.41	0.87	0.06	0.18	5.53
		唐山市	72 219	0.38	4.25	1.88	0.01	6.52
		河北省总计	359 704	6.98	16.40	1.98	0.20	25.58
	辽宁省	大连市	29 612	0.80	2.43	0.09	1.70	5.02
		葫芦岛市	6 313	2.66	1.21	0.12	0.01	4.01
		锦州市	3 372	1.24	0.08	0.01	0.00	1.33
		盘锦市	10	0.00	0.00	0.00	0.00	0.00
		营口市	8 129	0.10	0.74	0.01	0.01	0.85
		辽宁省总计	47 436	4.80	4.46	0.23	1.72	11.21
	山东省	滨州市	47 304	1.56	9.87	0.02	0.01	11.46
		东营市	435	0.04	0.02	0.00	0.00	0.06
		潍坊市	71 935	57.73	3.04	0.55	0.13	61.44
		烟台市	3 307	0.65	0.18	0.02	0.00	0.86
		山东省总计	122 981	59.98	13.11	0.59	0.14	73.82
	天津市	天津市	56 888	2.76	3.53	0.04	0.03	6.35
	总计	总计	587 009	74.53	37.50	2.84	2.10	116.96
2011	河北省	沧州市	45 858	0.24	2.67	0.02	0.01	2.95
		秦皇岛市	12 740	1.36	0.36	0.01	0.01	1.74
		唐山市	187 467	2.45	6.58	0.03	0.04	9.11
		河北省总计	246 065	4.05	9.61	0.06	0.06	13.79
	辽宁省	大连市	9 714	0.52	0.09	0.06	0.00	0.68
		葫芦岛市	42 661	19.56	1.78	0.16	0.01	21.49
		锦州市	3 070	2.78	0.18	0.02	0.00	2.97
		盘锦市	5	0.00	0.00	0.00	0.00	0.00
		营口市	9 619	0.08	0.28	0.04	0.01	0.41
		辽宁省总计	65 068	22.93	2.33	0.27	0.02	25.55
	山东省	滨州市	0	0.00	0.00	0.00	0.00	0.00
		东营市	521	0.04	0.03	0.00	0.00	0.07
		潍坊市	30 046	4.87	0.20	0.17	0.02	5.27
		烟台市	1 984	0.25	0.05	0.04	0.00	0.35
		山东省总计	32 551	5.16	0.28	0.21	0.02	5.68
	天津市	天津市	33 046	4.70	1.07	0.00	0.01	5.79
	总计	总计	376 730	36.85	13.29	0.55	0.12	50.81

续表

年度	省	市	年污水入海量	COD	悬浮物	氨氮	总磷	总计
2012	河北省	沧州市	541 925	5.07	43.29	0.59	0.05	49.01
		秦皇岛市	219 104	10.06	5.54	0.09	0.06	15.74
		唐山市	210 101	4.21	16.90	0.05	0.03	21.19
		河北省总计	971 129	19.34	65.72	0.74	0.14	85.94
	辽宁省	大连市	13 141	0.47	1.07	0.06	0.01	1.62
		葫芦岛市	23 913	5.20	0.72	0.14	0.01	6.07
		锦州市	3 070	0.22	0.06	0.03	0.00	0.30
		盘锦市	2	0.00	0.00	0.00	0.00	0.00
		营口市	14 434	0.20	0.70	0.01	0.01	0.91
		辽宁省总计	54 560	6.09	2.55	0.24	0.02	8.90
	山东省	滨州市	0	0.00	0.00	0.00	0.00	0.00
		东营市	531	0.04	0.02	0.00	0.00	0.06
		潍坊市	59 985	4.45	0.95	0.40	0.04	5.84
		烟台市	1 101	0.15	0.03	0.01	0.00	0.19
		山东省总计	61 617	4.64	1.01	0.41	0.00	6.10
	天津市	天津市	0	0.00	0.00	0.00	0.00	0.00
	总计	总计	1 087 306	30.07	69.27	1.39	0.20	100.94

7.1.2.4 对邻近海域的影响

为掌握渤海入海排污口对周边海域及其功能的影响情况,对渤海海域18个重点排污口邻近海域进行了水质、沉积物和生物质量的监测,监测结果见表7.9。18个排污口中,有12个排入海水水质要求类别不劣于第二类的增养殖区、度假旅游区等敏感海洋功能区。其中有10个排污口为工业排污口,占到重点监测排污口总数的56%。

2012年对排污口邻近海域的综合评价结果表明(见表7.9),94%的排污口邻近海域受到污染,不能满足所在功能区的环境质量要求,比2011年升高5个百分点,比2010年升高16个百分点。其中28%的排污口邻近海域功能区环境污染严重,另外56%的排污口邻近海域功能区环境质量受到不同程度的污染影响或损害。排污口邻近海域环境质量状况逐年下降。

海水质量 2012年有17个排污口邻近海域水质不满足所在功能区的要求,比2011年增加1个,比2010年增加3个。有3个排污口邻近海域海水质量较2011年好转,6个排污口海水质量较2011年变差。

沉积物质量 18个监测排污口邻近海域沉积物质量总体良好,有4个排污口邻近海域沉积物质量达不到海洋功能区要求,沉积物受到一定程度的污染。3个排污口邻近海域沉积物质量较2011年变差,有2个排污口邻近海域沉积物质量较2011年好转。

生物质量 2012年共有6个排污口邻近海域进行了生物质量的监测,其中有4个

表7.9 2010—2012年渤海入海排污口邻近海域综合评价

排污口名称	功能区	要求水质类别	类型	水质等级			沉积物等级			生物等级			综合等级		
				2010年	2011年	2012年	2010年	2011年	2012年	2010年	2011年	2012年	2010年	2011年	2012年
百股桥排污口	养殖区	不劣于第二类	排污河	极差	极差	极差	差	良好	极差	/	/	/	极差	极差	极差
北塘入海口	港口区	不劣于第四类	其他	差	差	极差	良好	良好	良好	/	/	/	一般	一般	一般
大沽河	港口区	不劣于第四类	排污河	一般	差	一般	良好	良好	良好	/	/	/	一般	一般	一般
大蒲河入海口	度假旅游区	不劣于第二类	市政	一般	一般	差	良好	一般	良好	/	/	/	一般	一般	良好
葫芦岛锌厂排污口	排污区	不劣于第四类	工业	极差	差	极差	差	差	极差	/	/	/	极差	极差	极差
辽宁省金城造纸排污口	养殖区	不劣于第二类	工业	极差	极差	极差	差	差	良好	/	/	差	差	差	差
龙口造纸厂排污口	养殖区	不劣于第二类	工业	一般	一般	一般	一般	一般	良好	良好	一般	差	一般	一般	一般
弥河入海口	养殖区	不劣于第二类	排污河	极差	极差	极差	差	良好	良好	极差	/	极差	极差	差	极差
人造河入海口	度假旅游区	不劣于第二类	工业	良好	良好	一般	良好	良好	良好	良好	良好	/	良好	良好	良好
三友化工碱渣排污口	养殖区	不劣于第二类	工业	一般	一般	一般	一般	一般	一般	良好	良好	/	一般	一般	一般
沙头河入海口	增殖区	不劣于第二类	工业	一般	一般	良好	良好	良好	良好	良好	良好	良好	良好	良好	良好
溯河入海口	养殖区	不劣于第二类	工业	良好	良好	良好	良好	良好	良好	良好	良好	良好	良好	良好	良好
套尔河入海口	增殖区	不劣于第四类	其他	差	差	差	一般	差	极差	/	/	/	一般	良好	极差
五里河入海口	排污区	不劣于第二类	市政	一般	一般	差	良好	良好	良好	/	/	/	一般	一般	良好
洋河入海口	度假旅游区	不劣于第四类	工业	极差	一般	一般	一般	一般	良好	/	/	/	一般	一般	一般
营口市污水处理厂排污口	港口区	不劣于第二类	工业	极差	极差	极差	良好	良好	良好	极差	/	极差	差	差	极差
虞河入海口	养殖区	不劣于第二类	排污河	极差	极差	极差	一般	极差	极差	/	/	/	极差	极差	差
漳卫新河入海口（河北沧州）	港口区	不劣于第四类	工业	良好	一般	一般	良好	良好	良好	/	/	/	良好	一般	一般

注："/"表示没有进行监测。

排污口邻近海域生物质量不满足海洋功能区的要求。

7.1.3　小结

3 年来渤海 12 条主要入海河流的污染物平均入海总量为 97.9×10^4 t，整体上略有下降。黄海、小清河、大辽河对渤海河流污染物入海贡献最大，石油类、COD、重金属污染物入海总量贡献最大的基本均为黄河与小清河，对渤海营养盐、砷入海总量贡献最大的是黄河与大辽河。

排污口设置存在诸多不合理现象。渤海实施监测排污口的监测次数达标率在 50% 左右，河北省达标率最高，辽宁省次之，山东省达标率略低，葫芦岛市、滨州市和潍坊市达标排放状况较差。渤海排污口污染物入海主要超标物质为化学需氧量、悬浮物、总磷、氨氮。年污染物入海总量在 100×10^4 t 左右，受 2012 年京津地区强降水影响，2012 年河北省污染物入海量剧增。渤海入海排污口对周边海域及其功能的影响明显，约 90% 的排污口邻近海域受到污染，不能满足所在功能区的环境质量要求，排污口邻近海域环境质量状况呈下降趋势。

7.2　海上污染源状况

7.2.1　海洋养殖

环渤海区域内大型海水养殖区近 200 个，总面积约 2 300 km²。随着海水养殖业的迅速发展，盲目扩大规模和不当的养殖方式，饵料、化学药物的投放，导致养殖环境不断恶化，负面效应日益严重。海水的自净能力有限，当海水养殖释放到水体中的物质超过其所能承受的最大限度，养殖便会对海洋环境造成一定程度的污染。海水养殖对海洋环境的污染主要来源于三个方面：一是残饵、排泄物等营养物质的污染；二是养殖药物的使用污染；三是底泥的富集污染。2012 年渤海主要增养殖区概况及环境质量等级见表 7.10。

表 7.10　2012 年渤海主要增养殖区概况及环境质量等级

省市	养殖区名称	主要养殖种类	主要养殖方式	环境质量等级
辽宁省	归州和九垄地乡近海养殖区	菲律宾蛤仔、文蛤、四角蛤蜊、毛蚶	底播养殖	较好
	盘锦市大洼蛤蜊岗贝类海水增养殖区	文蛤	底播养殖	较好
	锦州市海水增养殖区	毛蚶	浅海、底播养殖	较差
	葫芦岛市兴城邴家湾海水增养殖区	海参、对虾、梭子蟹、扇贝	滩涂、底播、池塘养殖	及格
	葫芦岛芷锚湾养殖区	扇贝、紫贻贝、刺参、文蛤、菲律宾蛤仔	底播、筏式养殖	优良

续表

省市	养殖区名称	主要养殖种类	主要养殖方式	环境质量等级
河北省	昌黎新开口养殖区	扇贝、海参、对虾、河豚	筏式为主，兼有底播、滩涂、工厂化养殖	优良
	乐亭滦河口养殖区	扇贝	筏式养殖	优良
	黄骅李家堡养殖区	虾、梭子蟹	池塘养殖	优良
天津市	汉沽浅海贝类增殖区	毛蚶、菲律宾蛤仔、青蛤	底播养殖	较好
	汉沽杨家泊镇魏庄连片养虾池	南美白对虾	其他方式	及格
	大港马棚口二村连片养虾池	南美白对虾	池塘养殖	及格
山东省	滨州无棣浅海贝类增养殖区	文蛤、青蛤、四角蛤蜊	底播养殖	优良
	滨州沾化浅海贝类增养殖区	文蛤、青蛤、毛蚶、四角蛤蜊	底播养殖	优良
	东营新户浅海养殖样板园	文蛤、青蛤、四角蛤蜊	底播养殖	优良
	潍坊滨海贝类滩涂养殖区	文蛤、四角蛤蜊、菲律宾蛤仔	底播养殖	优良
	烟台莱州虎头崖增养殖区	海湾扇贝、牡蛎、菲律宾蛤仔	筏式、底播养殖	优良
	烟台莱州金城增养殖区	海湾扇贝、刺参	筏式、底播养殖	优良

近几年，渤海海水增养殖区环境质量基本满足养殖功能要求，2012 年渤海海域内 50% 的海水增养殖区综合环境质量等级为优良，综合环境质量等级为较好和及格的养殖区比例为 22%，仅有 1 处养殖区养殖环境质量较差。增养殖区海水主要超标物质为无机氮，个别增养殖区的 pH、粪大肠菌群和石油类浓度超第二类海水水质标准。天津市增养殖区海水水质较其他省市差，大部分调查项目均存在超标现象。增养殖区沉积物质量总体情况良好，仅少数养殖区沉积物中汞、镉、砷略超一类标准，大部分养殖区沉积物各监测指标均符合养殖环境要求。

7.2.2 石油勘探开发

渤海油气田面积 58 327 km^2，是我国第二大产油区，能源储量居全国之冠，现已发现油气田和含油气构造 72 个，是一个含油气资源十分丰富的第三系沉积盆地，也是我国主要的石油生产基地。渤海石油资源量 76.7 × 10^8 t，天然气资源量 1 × 10^{12} m^3。目前，获得原油探明储量 8.6 × 10^8 t，探明天然气储量 272 × 10^8 m^3。主要代表性油田有绥中 36 - 1、秦皇岛 32 - 6 和蓬莱 19 - 3。

虽然海洋油气资源的勘探开发项目能够创造巨大的社会效益和经济效益，但也给周围的海洋生态环境造成了一定的污染和破坏：首先，在开采过程中，海床的岩土遭到破坏，影响底栖生物的生存环境。钻井中，带有原油的泥浆从岩土底层被抽取部分进入附近海域，泥浆的物理化学特性改变周围环境；其次，钻井作业中，钻井液、水下切割、油漆、平台的阴极保护，会对周围环境产生重金属污染；再次，采油过程中原油的泄漏对海洋环境的影响是最大的，泄漏的原油覆盖在海水表面，改变水体的 DO 值，油组分进入生物链富集，污染近海养殖，危害海洋生物健康，造成经济损失，化学消油剂的使用更会造成二次污染；最后，海洋石油平台作业期间进行海洋清洗或防腐蚀作业时，未达到排放标准的废水同样会造成环境污染。

2012 年前渤海范围内的海洋油气田污染物排放总量总体有降低的趋势，而 2012 年各污染物的排放总量较 2011 年增加。2012 年渤海 27 个海洋油气田（群）及周边海域海水监测结果显示，局部海域海水石油类浓度超第二类海水水质标准。5 个排放生产水的海洋油气田（埕北油田、渤南油田群、渤西油田群、曹妃甸油田群、秦皇岛 32 - 6 油田）周边海域沉积物环境状况总体良好，生物群落结构正常，但局部区域沉积物石油类含量有所升高。2011 年渤海蓬莱 19 - 3 油田发生重大溢油事故，渤中 28 - 2 南油田、埕岛西 A 平台、绥中 36 - 1 油田和锦州 9 - 3 油田各发生 1 次小型溢油事故。2012 年针对蓬莱 19 - 3 油田附近海域的跟踪监测结果显示，局部区域海水石油类浓度和海洋沉积物石油类含量高于事故前水平，浮游生物群落结构和底栖生物质量仍受到石油类影响，油气开发活动溢油风险不容忽视。

7.2.3 海洋倾倒

近年来环渤海经济区是我国经济发展的重点，随着渤海沿岸区域经济开发的不断加大，对港区规模、航道通航水深和港口靠泊吨位的要求不断提高，使海洋倾倒量逐年增长，对倾倒区的要求日益增加。

2012 年渤海实际共使用海洋倾倒区 6 个（表 7.11），倾倒量为 1 982.6 × 10⁴ m³，比 2011 年减少 12.5%，对倾倒物均进行了砷、铜、铅、镉、铬、汞、锌、石油类、有机碳、硫化物等成分检验，倾倒物类型均为清洁疏浚物。

表 7.11 渤海海洋倾倒区

序号	倾倒区名称
1	葫芦岛港临时海洋倾倒区
2	锦州港航道工程临时海洋倾倒区
3	天津港疏浚物海洋倾倒区（C 区）
4	黄骅港 C1 区临时倾倒区
5	黄骅港综合港区航道工程疏浚物临时海洋倾倒区
6	莱州港 5 万吨级航道工程临时海洋倾倒区

2012 年渤海 6 个正在使用的海洋倾倒区海水环境质量均与周边海域差异不明显；海洋倾倒区及周边海域沉积物质量和底栖生物群落状况良好；倾倒活动未对周边海域环境质量造成明显影响。多数海洋倾倒区水深变化不明显，满足继续倾倒的功能要求，葫芦岛港临时海洋倾倒区受倾倒活动影响，倾倒区北部区域出现海底凸起，水深明显变浅，需加强监管，分区倾倒；黄骅港 C1 区临时海洋倾倒区东南部区域水深明显变浅，依据批复使用期限和跟踪监测水深变浅结果，倾倒区于 2012 年 11 月底关闭（图 7.11）。

总体上，渤海倾倒区海洋环境状况符合海洋倾倒区的环境保护要求，倾倒活动未对

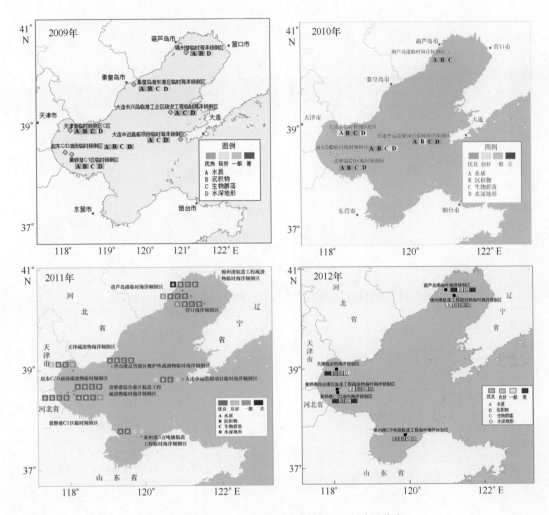

图 7.11　2009—2012 年渤海倾倒区环境质量分布

邻近海域环境敏感区及其他海上活动造成明显影响。

7.2.4　航运

航运发展对环境造成的污染主要来自船舶，而船舶造成的污染是指其在航行、装卸货物及停泊过程中由于船舶碰撞、搁浅或者船舶自身事故导致的沉没等，造成生活污水和船舶垃圾及产生的化学物品、废气等对水环境造成的污染。近年来，在天津、曹妃甸和大连三地建造了 30 吨级原油码头，导致油类和化学品等专业化的船舶频繁出入，加大了船舶污染事故的发生。船舶污染物类型如图 7.12 所示。

通过对历史数据的统计分析可以得到，2002—2008 年的 7 年间，渤海海域共发生船舶污染事故 261 起，其中事故性污染事故 98 起、操作性污染事故 163 起，共导致 2 062.31 t 液体货物（包括油类货物和散装化学品）和船用油（包括燃油和润滑油等）泄漏入海。事故性污染事故共导致 2 023.46 t 污染物泄漏，占泄漏总量的 98.13%。经

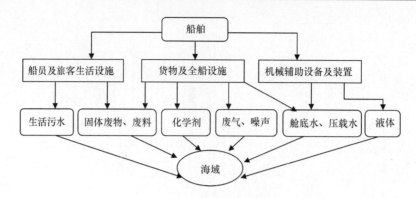

图 7.12　船舶污染物类型

过对渤海海域单位时间内单位区域的船舶污染事故风险指数计算并对整个海域进行加权计算，得到整个渤海海域船舶污染事故的高风险区域（表 7.12）（韩俊松等，2010）。

表 7.12　渤海海域船舶污染事故高风险区域及其主要事故场景

序号	高风险区域	主要事故场景
1	大连港周边海域	油轮或大型客货船碰撞事故
		油轮搁浅事故
2	老铁山水道周边海域	大中型船舶碰撞事故
		中小型散、杂货船倾覆沉没事故
3	成山头至渤海海峡航行周边海域	大中型船舶碰撞事故
		大中型船舶搁浅事故
4	长山水道之天津航线周边海域	大型油轮和其他大型船舶碰撞事故
		中、小型货船沉没事故

8 环渤海集约用海区域开发历程及特点

8.1 环渤海集约用海区域开发历程

2000 年以来,随着天津滨海新区、曹妃甸循环经济示范区、辽宁沿海经济带以及山东半岛蓝色经济区的开发建设,新一轮大规模的集中集约用海活动在环渤海沿岸快速发展。10 余年来环渤海集约用海区域从小到大,从弱到强,逐步发展成为一个钢铁、大型装备、造船和临港重化工基地。时至今日,环渤海区域三省一市海洋生产总值 11 182.8 亿元,占全国海洋生产总值的比重为 34.64%,占三省一市国内生产总值的 15.14%,已经成为继"珠三角"、"长三角"之后中国经济的第三个增长极,在中国对外开放的沿海发展战略中占有极其重要的地位。

环渤海集约用海区域开发与全国其他沿海开发区域相比,在开发历程上,既有共同的时代背景与相似的经历,也有自己的鲜明特点。概括起来,大致可划分为以下三个阶段。

8.1.1 第一阶段(2000—2005 年)

第一阶段为探索起步阶段。这一阶段主要是致力于搞好各项基础设施建设及其他配套工程建设,为招商引资创造条件。在此阶段渤海海岸线长度增加了 128.34 km,年均增加 25.67 km;围填海面积 615.41 km^2,年均 123.08 km^2。这一变化主要与曹妃甸、辽宁、天津等沿海工程基础设施建设有密切关系。但此阶段海域使用类型仍然以渔业用海和盐业用海占据主导地位。整个环渤海集约用海区域海洋产业产值由 2001 年的 9 518.4 亿元上升到 2005 年的 17 655.6 亿元,海洋第一、第二、第三次产业结构由 2000 年的 33.4∶36.03∶30.57 发展为 2005 年的 19.07∶39.96∶40.97。环渤海集约用海区域人口也由 2000 年的 3 141.61 万人上升到 2005 年的 3 361.55 万人(其中天津人口数量采用滨海新区的人口数量)。

8.1.2 第二阶段(2006—2008 年)

第二阶段为快速发展阶段。在这 3 年期间,环渤海集约用海区域的体制安排、规划建设等各方面都发生了明显变化。主要完善实施了基础设施和环境建设,重点推进道路交通、水资源、能源、环境整治工程,各类港口码头建设全面展开,同时一批工业项目也开工建设。在此阶段,区域的开发利用也达到了一个高峰。从 2006 年到 2008 年渤海海岸线长度增加了 87.54 km,年均增加 22.51 km,其中河北省海岸线长度增加速度最快,年均增加 15.66 km;其次为天津市,海岸线年均增加 7.98 km。渤海围填海面积

404.90 km^2，年均 134.97 km^2，开发利用重点进一步向港口工程建设、临海工业转移，表现为曹妃甸工业区、天津港等大规模工程建设，港口工程建设达到高潮。此时期围海养殖规模明显减小，港口建设围填海成为围填海的主要形式。整个环渤海集约用海区域海洋产业产值由 2005 年的 3 906.09 亿元上升到 2008 年的 7 958.65 亿元，海洋第一、第二、第三次产业结构由 2005 年 19.07∶39.96∶40.97 发展为 2008 年的 5.59∶58.48∶35.93，第二产业成为拉动海洋经济增长的主要动力。环渤海集约用海区域人口也由 2005 年的 3 361.55 万人上升到 2008 年的 4 506.35 万人（其中天津人口数量采用滨海新区的人口数量）。

8.1.3 第三阶段（2009—2010 年）

第三阶段为稳步推进阶段。在这两年期间，环渤海集约用海区域开发活动稳步推进，各类工业、工程建设项目相继建设投产。2009—2010 年，渤海海岸线长度增加了163.19 km，年均增加 81.60 km，其中天津市海岸线长度增加速度最快，其次为辽宁省和山东省，河北省海岸线变化速度较缓。此阶段渤海围填海面积 398.24 km^2，年均199.12 km^2，其中辽宁省围填海速度最快，主要分布于辽东湾和长兴岛附近；其次为天津市，主要由天津市滨海新区建设引起。此时期港口建设用海依然是区域开发的主要形式，其次为养殖用海和盐业用海。整个环渤海集约用海区域海洋产业产值由 2008 年的7 958.65 亿元上升到 2010 年的 14 243 亿元，海洋第一、第二、第三次产业结构由 2008 年的 5.59∶58.48∶35.93 发展为 2010 年的 5.68∶53.95∶40.38，第二产业比重有所下降，而第三产业所占比重增加，产业结构区域合理。环渤海集约用海区域人口也从 2008 年的 4 506.35 万人上升到 2010 年的 5 707.69 万人（其中天津人口数量采用滨海新区的人口数量）。

8.2 环渤海集约用海区域开发特点

（1）区域开发呈"千帆竞渡、百舸争流"之势，但产业结构趋同明显

当前，环渤海区域性、行业性重大发展战略是我国环渤海沿岸经济发展的重要形式，"十一五"期间，天津滨海新区基本已建成为石化、化工类项目集中区域；河北省依托曹妃甸打造世界级临港重化工业基地；辽宁省制定了沿海经济带发展战略，将大力发展以石化、钢铁、大型装备和造船为重点的临海、临港工业。山东半岛蓝色经济区将采取"一区三带"的发展格局，通过集中集约用海，打造出九大新的海洋优势产业聚集区。随着环渤海沿岸开发的快速发展，能源重化工等一系列"两高一资"的"大项目"的启动，不但加剧了环渤海地区重化工业发展趋同、布局分散的态势，也将进一步加大该地区的海洋环境压力，并可能引发海洋资源竞争加剧、环境灾害频发，降低环渤海地区经济发展与海洋资源环境保护的协调性。

（2）海域使用类型齐全，海洋经济体系比较完善

丰富的海域空间资源类型为各类海洋产业的发展提供了广阔的空间，资源利用类型多样。环渤海区域海域资源利用类型包括渔业用海、交通运输用海、工矿用海、旅游娱

乐用海、海底工程用海、排污倾倒用海、围海造地用海和特殊用海等使用类型;初步形成了较为完整的包括海洋渔业及相关产业、海洋盐业、滨海旅游业、海洋化工业、海水综合利用业、海洋船舶工业、海洋工程建筑业、海洋交通运输业、海洋石油化工业和其他海洋产业十大行业的海洋经济体系。但是整个环渤海区域海域使用仍以渔业用海为主,从渔业用海的二级类型来说,渔业基础设施用海所占比重较小,养殖用海的面积和宗数较大,但都以粗放型的开放式养殖(设施养殖和底播养殖)为主,池塘养殖和工厂化养殖所占比重较小。

(3) 海洋经济快速发展,海洋产业结构逐步优化,但内部差异较大

随着环渤海集约用海区域开发活动的不断进行,该区域海洋经济也得到了快速发展,由 2000 年的 653.74 亿元上升到 2010 年的 14 243 亿元,但内部差异较大,这是近几年来环渤海区域海洋经济增长最重要的基本特征。2011 年环渤海地区海洋生产总值 16 442 亿元,占全国海洋生产总值的比重为 36.1%,走在全国前列。然而我们也必须清醒地看到,在环渤海区域内部,三省一市之间发展差距也极为明显,既有海洋产值高居全国第 2 位的山东省,也有仅列全国倒数第 3 位的河北省,内部发展的不均衡已成为制约环渤海区域整体竞争力提升的关键之一。

环渤海区域海洋经济增长的上述特征,与该区域海洋产业发展的结构特点是高度相关的。总的来说,环渤海区域的海洋经济增长和产业结构变化主要是由第二产业的飞速增长所拉动。2000 年到 2010 年环渤海区域海洋第二产业所占比重均有一定增加,特别是河北、辽宁两省分别增加了 41.12 个百分点和 26.08 个百分点,同时海洋第三产业所占区域海洋经济增长中的地位有所提高,2010 年较 2000 年提高了近 10 个百分点,而第一产业所占比重下降了 27.72 个百分点,海洋三次产业结构逐步优化。

(4) 围填海呈现快速上升的趋势,但区域差异明显

2000—2010 年渤海围填海 1 329.63 km²,速度呈上升趋势,其中 2000—2005 年围填海面积年均 109.39 km²,2006—2008 年围填海面积年均 128.14 km²,2009—2010 年围填海面积年均 199.12 km²。从围填海速度来看,2000—2005 年山东省围填海速度最快,主要分布于滨州沿海;2006—2008 年河北省围填海速度最快,主要归因于曹妃甸围填海工程;2009—2010 年辽宁省围填海速度最快,主要分布于辽东湾和长兴岛附近;天津市围填海速度也较快,主要归因于天津市滨海新区建设。从主要围填海类型分布看,港口建设用海在河北省分布面积最多,围海养殖在辽宁省分布面积最多,盐田用海在山东省分布面积最多。

(5) 开发过程中污染物排放规范化管理有待提高

环渤海各省市纳入管理的排污倾倒用海较少。近年来沿海有一批临海工业用海区,大部分的临海工业选择向入海河流排放污水,污水最终排入海洋,然而这种排污很难纳入海域管理系统中,并且随着海洋经济的发展,更多的海洋垃圾需要向海洋倾倒区倾倒,在海洋功能区划修编中需要考虑到,同时要严格海洋执法管理,避免随意倾倒海洋垃圾的行为。

总之,环渤海三省一市仍然是海洋渔业大省,这种海洋产业布局是与环渤海海洋经济发展水平相对应的。一方面随着海洋经济的发展,海洋产业结构也将发生相应

的变化；另一方面，海洋产业结构演进也可以衡量经济发展的过程，不同的海洋产业结构有不同的经济效益。而环渤海各省市的海洋产业结构正处在由低级向中级和高级阶段的过渡阶段，海洋产业尚未摆脱资源消耗型的产业格局，海洋产业之间、地区之间发展仍不平衡。

8.3 环渤海集约用海区域开发建议

（1）优化集约用海区平面布局，提升建设的科学性和可持续性

集约用海区平面布局应遵循保护自然岸线、延长自然岸线等基本原则。自然岸线是海陆长期作用形成的自然海岸形态，具有环境上的稳定性、生态上的多样性和资源上的稀缺性等多重属性。自然岸线一旦遭到破坏，很难恢复和再生。因此，集约用海区建设应当尽量少占用自然岸线，避免截弯取直等严重破坏自然岸线的建设用海方式。同时，围填海形成的土地价值主要取决于新形成土地面积和新形成人工岸线长度，集约用海区遵循增加人工岸线曲折度，延长人工岸线长度，提高新形成土地的价值的原则。推行不占用或少占用自然岸线资源、对海洋生态环境影响较小的人工岛、多突堤和区块组团等填海方式。

（2）实施环渤海集约用海区域产业结构统一协调和整体优化战略

把环渤海地区看作一个统一的整体，其各省市均要置于环渤海地区整体之中来着眼产业结构的调整优化，推动整个区域产业结构的合理化、现代化和高层次化。把环渤海地区联合起来，成为一个整体，发挥区内共同优势，通过打破行政区划的束缚联合建港用港，加强港口之间及港口与腹地之间的分工与合作，联合实施名牌战略；加强环渤海地区城市群体的双边与多边联合协作，发挥骨干城市在区域联合开发与整体开放中的带动作用；建立发展上的双向开放战略，即以沿海港口为龙头、以陆桥为轴线，结合东北亚、环渤海地区跨国产业结构的转移，按梯度转移原则，重组地区内部上下游产业之间、竞争性产业之间和开放性产业之间新型的分工关系；实施环渤海地区各省市的优势互补，以骨干企业为核心进行横向联合来组建外向型企业集团以及联合招商引资、联合扩大煤炭出口、联合开发创汇农业、联合开发国际旅游业等战略，推动环渤海地区的整体开放与外向型经济的发展。

（3）推进集约用海与海洋生态整治修复相结合，实行保护性开发和恢复性建设

实施集约用海区与海域海岛海岸带整治修复有机结合，有计划、有步骤地拆除改造历史上形成的严重影响海洋生态环境的连岛实体坝，修复破损岸线，清洁被污损的海岸带，改良海域水动力环境。要尽量结合沿海隧道、城乡拆迁、海湾疏浚等工程取料建岛。尽量采用透空式山体取料，禁止破坏山体表面植被的取料方式。借鉴国际上如新加坡等国家和地区的先进经验，规划建设好沿海城市周边的封闭式倾废（垃圾岛）。

（4）提高集约用海区填海造地工程规划和技术标准，提升围填海工程建设效能和水平

借鉴国内外海域管理和土地管理的经验，结合区域使用管理实际，研究出台集约用海区海域利用容积率、岸线利用效率、开发退让距离、绿地率、道路占地比率、单位岸

线和海域建筑密度、建筑高度、建筑材料的材质和色彩、投资强度等控制性指标，以及岸线使用标准规范，提高建设用海门槛。制定差别化的海域使用政策，促进海洋经济转方式、调结构。加大科技攻关，研究防范和应对海平面上升、风暴潮、赤潮、绿潮、海冰、海啸等海洋灾害的技术措施和防止沿海核电工程泄漏，防止围填海工程沉降等围填海工程安全保障措施。进行海洋环境承载力研究，加强环境监测、风险评价和区划工作。

（5）创新管理机制，加强集约用海的统一管理和组织协调

坚持陆海统筹，与土地利用总体规划、城镇体系建设规划搞好衔接，建立包括集约用海概念性规划、控制性详细规划、修建性规划在内的集约用海规划体系。将集约用海作为全省推进区域经济一体化的重点领域和环节，精心筹划实施。对于跨区域的集约用海，交由上一级政府协调。进一步完善集中集约区域建设用海管理制度，坚持集约用海区海域使用论证和海洋环评"五同步一优先"，即同步编制、同步论证、同步评审、同步审批、同步验收，环保优先，一票否决。对集约用海区实行总体海域使用论证、总体海洋环评、总体围填海听证、总体社会稳定风险评估。对集约用海区海域使用和海洋环境影响实行全方位动态监控，定期评价海域使用状况，防止出现大的问题。对于拆迁等涉及群众利益的问题，必须举行公告、公示、听证、论证，广泛听取群众意见。

（6）实行鼓励集中、限制分散的政策

积极推进蓝色经济区建设的优质项目向集约用海区集中，实现海洋产业的布局优化、要素聚集和用海集约，提高海域使用效率。对于纳入集约用海区的建设项目，优先安排建设用海指标，优先安排省重点和国家重点项目，享受海域使用金减免等鼓励政策。将集约用海建设项目作为全省招商引资的重点，加大宣传和推介力度。对于异地进入集约用海区的建设项目，在财政、税收等方面仍按原驻地统计核算和分配。开展集约用海区的海域使用权物权化试点，积极推进海域使用权直接进入规划建设程序，凭借海域使用权属规划许可等手续，对海域使用实施规范化管理。

参考文献

藏玉希，高曙光 . 2000. 山东省渤海湾、莱州湾海岸带生物资源开发对策研究 . 科学与管理，20（5）：36~37.

曹妃甸工业区管理委员会 . 2008. 加快曹妃甸开发建设努力成为拉动环渤海地区经济发展新引擎 . 港口经济，3.

陈吉宁 . 2013. 环渤海沿海地区重点产业发展战略环境评价研究 . 北京：中国环境科学出版社 .

陈霁巍，穆兴民 . 2000. 黄河断流的态势、成因与科学对策 . 自然资源学报，15（1）：31~35.

陈满荣，韩晓非，等 . 2000. 上海市围海造地效应分析与海岸带可持续发展 . 中国软科学，12：115~120.

程天文，赵楚年 . 1985. 我国主要河流入海径流量、输沙量及对沿岸的影响 . 海洋学报，7（4）：460~471.

慈维顺 . 2011. 芦苇湿地对生态环境的作用 . 天津农林科技，1：29~31.

邓景耀，金显仕 . 2000. 莱州湾及黄河口水域渔业生物多样性及其保护研究 . 动物学研究，21（1）：76~82.

方国洪，王凯，郭丰义，等 . 2002. 近30年渤海水文和气象状况的长期变化及其相互关系 . 海洋与湖沼，33（5）：515~523.

龚旭东 . 2007. 辽东湾葵花岛构造区海洋工程地质环境特征及其质量评价 . 硕士论文 . 青岛：国家海洋局第一海洋研究所 .

郭伟，朱大奎 . 2005. 深圳围海造地对海洋环境影响的分析 . 南京大学学报：自然科学版，41（3）：286~296.

国家海洋局 . 2000. 1999年中国海洋年鉴 . 北京：海洋出版社 .

何云雅 . 2005. 天津市水资源合理配置研究 . 硕士学位论文 . 天津：天津大学 .

黄桂林，张建军，等 . 2000. 辽河三角洲湿地分类及现状分析——辽河三角洲湿地资源及其生物多样性的遥感监测 . 林业资源管理，4：51~56.

季小梅，张永战，等 . 2006. 乐清湾近期海岸演变研究 . 海洋通报，25（1）：44~53.

蒋卫国，李京，等 . 2005. 辽河三角洲湿地生态系统健康评价 . 生态学报，25（3）：408~414.

金显仕，邓景耀 . 2000. 莱州湾渔业资源群落结构和生物多样性的变化 . 生物多样性，8（1）：65~72.

金显仕，唐启升 . 1998. 渤海渔业资源结构、数量分布及其变化 . 中国水产科学，5（3）：18~24.

金显仕 . 2001. 渤海主要渔业生物资源变动的研究 . 中国水产科学，7（4）：22~26.

李建军，冯慕华，等 . 2001. 辽东湾浅水区水环境质量现状评价 . 海洋环境科学，20（3）：42~45.

李静 . 2008. 河北省围填海演进过程分析与综合效益评价 . 石家庄：河北师范大学 .

李晓文，肖笃宁，等 . 2001. 辽河三角洲滨海湿地景观规划各预案对指示物种生态承载力的影响 . 生态学报，21（5）：709~715.

梁余 . 1991. 稀有珍禽黑嘴鸥繁殖情况的初步观察 . 野生动物，6（增刊）：99~101.

林桂兰，左玉辉 . 2006. 海湾资源开发的累积生态效应研究 . 自然资源学报，21（3）：432~440.

刘红玉, 吕宪国, 刘振乾 . 2001. 环渤海三角洲湿地资源研究 . 自然资源学报, 16 (2) 101~106.

刘洪滨, 孙丽, 何新颖 . 2010. 山东省围填海造地管理浅探——以胶州湾为例 . 海岸工程, 29 (1):22~29.

刘伟, 刘百桥 . 2008. 我国围填海现状、问题及调控对策 . 广州环境科学, 23 (2): 26~30.

吕瑞华, 朱明远 . 1992. 山东近岸水域的初级生产力 . 黄渤海海洋, 2: 42~47.

马妍妍 . 2008. 现代黄河三角洲海岸带环境演变 . 博士论文 . 青岛: 中国海洋大学.

毛爱华 . 2003. 对山东省海洋产业发展战略的思考与海洋产业结构优化的建议 . 海洋开发与管理, 2:48~51.

苗丽娟 . 2007. 围填海造成的生态环境损失评估方法初探 . 环境与可持续发展, 3: 47~49.

农业部渔业局 . 2001. 中国渔业统计年鉴 2000. 北京: 海洋出版社.

秦延文, 郑丙辉, 等 . 2010. 2004—2008 年辽东湾水质污染特征分析 . 环境科学研究, 23 (8): 987~992.

孙才志, 孙明昱 . 2010. 辽宁省海岸线时空变化及驱动因素分析 . 地理与地理信息科学, 5 (26): 63~67.

孙军, 刘东艳, 柴心玉, 等 . 2002. 莱州湾及潍河口夏季浮游植物生物量和初级生产力的分布 . 海洋学报, 24 (5): 81~90.

天津市海岸带和海涂资源综合调查综合组 . 1987. 天津市海岸带和海涂资源综合调查报告 . 北京: 海洋出版社.

天津市统计局 . 1995. 1994 年天津统计年鉴 . 北京: 中国统计出版社.

天津市统计局 . 1996. 1995 年天津统计年鉴 . 北京: 中国统计出版社.

天津市统计局 . 1997. 1996 年天津统计年鉴 . 北京: 中国统计出版社.

天津市统计局 . 1998. 1997 年天津统计年鉴 . 北京: 中国统计出版社.

天津市统计局 . 1999. 1994—1998 年天津滨海新区统计年鉴 . 北京: 中国统计出版社.

天津市统计局 . 1999. 1998 年天津统计年鉴 . 北京: 中国统计出版社.

天津市统计局 . 2000. 1999 年天津统计年鉴 . 北京: 中国统计出版社.

天津市统计局 . 2001. 2000 年天津统计年鉴 . 北京: 中国统计出版社.

天津市统计局 . 2002. 2001 年天津统计年鉴 . 北京: 中国统计出版社.

天津市统计局 . 2003. 2002 年天津统计年鉴 . 北京: 中国统计出版社.

天津市统计局 . 2004. 2003 年天津滨海新区统计年鉴 . 北京: 中国统计出版社.

天津市统计局 . 2004. 2003 年天津统计年鉴 . 北京: 中国统计出版社.

天津市统计局 . 2005. 2004 年天津统计年鉴 . 北京: 中国统计出版社.

天津市统计局 . 2006. 2005 年天津统计年鉴 . 北京: 中国统计出版社.

天津市统计局 . 2007. 2006 年天津统计年鉴 . 北京: 中国统计出版社.

天津市统计局 . 2008. 2007 年天津统计年鉴 . 北京: 中国统计出版社.

天津市统计局 . 2009. 2008 年天津统计年鉴 . 北京: 中国统计出版社.

天津市统计局 . 2010. 2009 年天津滨海新区统计年鉴 . 北京: 中国统计出版社.

天津市统计局 . 2011. 2010 年天津滨海新区统计年鉴 . 北京: 中国统计出版社.

天津市统计局 . 2011. 2010 年天津统计年鉴 . 北京: 中国统计出版社.

天津市统计局 . 2012. 2011 年天津滨海新区统计年鉴 . 北京: 中国统计出版社.

天津市统计局 . 2012. 2011 年天津统计年鉴 . 北京: 中国统计出版社.

天津市统计局 . 2010. 2009 年天津统计年鉴 . 北京: 中国统计出版社.

田家怡, 王民, 窦红云, 等 . 1997. 黄河断流对三角洲生态环境的影响与缓解对策的研究 . 生态学杂志, 16（3）：39~44.

王俊, 李洪志. 2002. 渤海近岸叶绿素和初级生产力的研究. 海洋水产研究, 23（1）：23~28.

王平, 焦燕, 任一平, 等. 1999. 莱州湾、黄河口水域春季近岸渔获生物多样性特征的调查研究. 海洋湖沼通报, 1：40~44.

王守春. 1998. 历史时期莱州湾沿海平原湖沼的变迁. 地理研究, 17（4）：423~428.

王志远, 蒋铁民. 2003. 渤黄海区域海洋管理. 北京：海洋出版社.

王志远, 蒋铁民. 2005. 渤海环境经济研究. 北京：海洋出版社.

夏东兴, 吴桑云. 2009. 现代海岸线划定方法研究. 海洋学研究, 7（27）：28~33.

徐大伟, 张琳, 吉伟卓. 2010. 沿海经济带的发展历程与沿海经济论——以大连为例. 城市问题, 9：20~24.

徐绍斌, 等. 1989. 河北省海岸带资源. 石家庄：河北科学技术出版社.

许士国, 李林林. 2006. 填海造陆区环境改善及雨水利用研究. 东北水利水电, 4：22~25.

严恺. 2002. 海岸工程. 北京：海洋出版社.

阎晓东. 2005. 沿海地区产业结构升级研究. 博士论文. 福州：福建师范大学.

阎新兴, 霍吉亮. 2007. 河北曹妃甸近海区地貌与沉积特征分析. 水道港口,（6）.

杨世伦, 陈启明, 等. 2003. 半封闭海湾潮间带部分围垦后纳潮量计算的商榷——以胶州湾为例. 海洋科学, 27（8）：43~47.

杨世伦. 2003. 海洋环境和地貌过程导论. 北京：海洋出版社.

杨霞, 罗陈琛. 2010. 环渤海经济圈内部经济差异性比较分析. 海洋开发与管理, 27（9）：83~86.

叶海桃, 王义刚, 等. 2007. 三沙湾纳潮量及湾内外的水交换. 河海大学学报, 35（1）：96~98.

袁春婷, 刘金明, 薄学锋, 等. 2006. 东营市潮间带泥螺增养殖调查报告. 齐鲁渔业, 23（3）：25~26.

袁西龙, 孙芳林, 董洪. 2007. 黄河三角洲海岸线动态变化规律与预测研究. 海岸工程, 26（4）：1~10.

岳力. 2004. 辽河三角洲湿地环境动态变化调查及生态影响分析. 辽宁城乡环境科技, 24（4）：51~52.

张晓龙. 2005. 现代黄河三角洲滨海湿地演变及退化研究. 硕士论文. 青岛：中国海洋大学.

张绪良, 陈东景, 谷东起. 2009. 近20年来莱州湾南岸滨海湿地退化及其原因分析. 科技导报, 27（4）：65~70.

中国海洋年鉴编辑部. 1987. 1986年中国海洋年鉴. 北京：海洋出版社.

中国海洋年鉴编辑部. 2001. 1999—2000年中国海洋年鉴. 北京：海洋出版社.

中国海洋年鉴编纂委员会. 2002. 中国海洋年鉴（2001）. 北京：海洋出版社.

中国海洋年鉴编纂委员会. 2006. 中国海洋年鉴（2005）. 北京：海洋出版社.

中华人民共和国农业部水产司. 1991. 中国渔业统计四十年. 北京：海洋出版社.

中华人民共和国农业部渔业局. 1996. 中国渔业统计汇编（1989—1993）. 北京：海洋出版社.

周韧. 2011. 环渤海经济圈产业结构现状分析. 经济视角,（8）：133~134.

朱东风. 2009. 沿海开发的国际经验及其对江苏的启示. 国际城市规划, 24（2）：100~105.

朱龙海, 吴建政, 等. 2007. 双台子河口潮流沉积体系研究. 海洋地质与第四纪地质, 27（2）：17~23.

庄振业, 许卫东, 李学伦. 1991. 渤海南岸6000年来的岸线演变. 青岛海洋大学学报, 21（2）：99~110.